Daniel Zeru Zelelew
Sewa Lal
Biniam Mesfin Ghebreslassie

Potássio para melhorar a produtividade da batata e a qualidade dos tubérculos

Daniel Zeru Zelelew
Sewa Lal
Biniam Mesfin Ghebreslassie

Potássio para melhorar a produtividade da batata e a qualidade dos tubérculos

Imprint

Any brand names and product names mentioned in this book are subject to trademark, brand or patent protection and are trademarks or registered trademarks of their respective holders. The use of brand names, product names, common names, trade names, product descriptions etc. even without a particular marking in this work is in no way to be construed to mean that such names may be regarded as unrestricted in respect of trademark and brand protection legislation and could thus be used by anyone.

Cover image: www.ingimage.com

This book is a translation from the original published under ISBN 978-620-2-05715-8.

Publisher:
Sciencia Scripts
is a trademark of
Dodo Books Indian Ocean Ltd. and OmniScriptum S.R.L publishing group

120 High Road, East Finchley, London, N2 9ED, United Kingdom
Str. Armeneasca 28/1, office 1, Chisinau MD-2012, Republic of Moldova, Europe
Printed at: see last page
ISBN: 978-620-7-85763-0

ÍNDICE DE CONTEÚDOS

DEDICAÇÃO

Os autores gostariam de dedicar este livro às suas queridas famílias como um humilde símbolo da sua gratidão pelo seu amor sem fim, sacrifícios e apoio sem reservas durante o curso do estudo

RECONHECIMENTO

Estamos gratos ao Hamelmalo Agricultural College (HAC), em colaboração com a Comissão Nacional do Ensino Superior da Eritreia, pelo financiamento e facilitação do projeto de investigação.

Os nossos agradecimentos especiais vão também para o Prof. Weldeamlak Araya, Prof. Sudarsanam, Dr. Brhan kiar Saleh, Sr. Mohan Babu e todos os membros do pessoal do Departamento de Horticultura pelo seu encorajamento, apoio moral e qualquer outro tipo de assistência durante o curso desta investigação.

Por último, mas não menos importante, gostaríamos de expressar a nossa profunda gratidão às nossas queridas famílias pela sua imensa contribuição, apoio moral e paciência durante este estudo e a nossa estadia na Escola Agrícola de Hamelmalo.

Acima de tudo, graças a Deus!

LISTA DE ACRÓNIMOS E ABREVIATURAS

CIP	International Potato Center
cm	Centimeter
CV	Coefficient of variance
DAP	Diammonium Phosphate
EC	Electrical Conductivity
FAO	Food and Agriculture Organization of the United Nation
FAOSTAT	Food and Agricultural Organization of the United Nation Statistics
g	Gram
GoE	Government of the state of Eritrea
ha	Hectare
K	Potassium
kg	Kilogram
LSD	Least Significant Difference
m	Meter
m^2	Meter square
meq	Milliequivalent
Mg	Magnesium
mm	Millimeter
MoA	Ministry of Agriculture
ms	Millisiemens
N	Nitrogen
Nfa	Nakfa, Eritrean Currency
NIVAP	Netherlands Potato Consultative Foundation
P	Phosphorus
pH	Hydrogen ion concentration
ppm	Parts per Million
q	Quintal
RCBD	Randomized Complete Block Design
SSP	Single Super Phosphate
SOP	Sulphate of Potash
TSS	Total Soluble Solid

RESUMO

A batata requer uma variedade de nutrientes minerais vegetais equilibrados para o seu crescimento e desenvolvimento, sem os quais o rendimento e a qualidade dos tubérculos são reduzidos. No entanto, os produtores de batata na Eritreia utilizam habitualmente fosfato de di-amónio, ureia e estrume de capoeira, enquanto os fertilizantes potássicos são negligenciados, partindo do princípio de que o solo é desenvolvido a partir de material de origem rico em K e contém uma quantidade suficiente de K para suportar o crescimento das culturas. Além disso, a fraca fertilidade do solo e a falta de variedades certificadas de alto rendimento são também algumas das principais dificuldades da produção de batata na Eritreia. Como resultado, o rendimento e a qualidade da batata produzida são muito baixos em comparação com as normas internacionais. Por conseguinte, foi concebida uma experiência para avaliar a resposta das variedades de batata a diferentes níveis de aplicação de potássio no Hamelmalo Agricultural College, na Eritreia. A experiência tinha os seguintes objectivos: examinar a resposta das variedades de batata aos níveis de potássio no rendimento e na qualidade e determinar o nível de potássio economicamente mais rentável que produz o máximo rendimento e qualidade da batata. A experiência foi conduzida num esquema fatorial de blocos completos aleatórios com quinze combinações de tratamentos de três variedades (*Ajiba*, *Zafira* e *Picasso*) e cinco níveis de potássio (0, 75, 150, 225 e 300 kg K2O/ha) replicados três vezes. Os dados recolhidos sobre os parâmetros de crescimento, rendimento e qualidade dos tubérculos foram analisados através da análise de variância com o software GENSTAT (4th edn) e o pacote estatístico IBM SPSS versão 20 com um nível de significância de 5%. O resultado do estudo indicou que houve variações significativas no desempenho das variedades em termos de parâmetros de crescimento, rendimento e qualidade, tendo-se verificado que a *Ajiba* foi mais reactiva e teve um rendimento mais elevado. O número de caules, o número de folhas, a altura das plantas, o número de dias até à maturidade, o número e o diâmetro dos tubérculos, o peso dos tubérculos por planta, o rendimento total, os sólidos solúveis totais, a gravidade específica, o teor de matéria seca dos tubérculos e o teor de humidade apresentaram diferenças significativas devido à aplicação de potássio. Como resultado, o maior número de caules aéreos (4,17), altura da planta (40,36) e número de folhas (57,83 por planta) foram obtidos com a aplicação de 150 kg K2O/ha. Verificou-se que uma aplicação mais elevada de K atrasa a maturidade das culturas. O maior peso de tubérculo (1,14 kg/planta) e rendimento (49,38 t/ha) foram registados em *Ajiba* tratado com 300 kg K2O/ha. O resultado da análise económica revelou que a margem bruta máxima de 13.665,816 USD/ha foi obtida com a aplicação de 300 kg de K2O/ha. Em geral, dá a impressão de que a utilização de fertilizantes potássicos de acordo com as necessidades do solo terá uma boa influência no crescimento e na produção de tubérculos.

Palavras-chave: Eritreia, fertilizante potássico, batata, variedades, rendimento e qualidade dos tubérculos

CAPÍTULO 1

INTRODUÇÃO

1.1 Antecedentes

A Eritreia é um país agrícola mas com insegurança alimentar. Em anos favoráveis, o país produz apenas cerca de 60% das suas necessidades alimentares totais e, em anos desfavoráveis, não produz mais de 25% (GoE, 2004). De acordo com a estratégia de segurança alimentar (2004), o país está ameaçado de fome uma vez em cada dez anos. A produção agrícola anual depende da pluviosidade variável e desigualmente distribuída. Até à data, a Eritreia não conseguiu aumentar a produção alimentar para um nível capaz de sustentar toda a população, sendo forçada a cobrir quase 50% das suas necessidades alimentares anuais através de importações. Por conseguinte, a adoção de tecnologias adequadas, a utilização de factores de produção agrícola modernos (aumento da irrigação, utilização de fertilizantes e pesticidas), as práticas e o desenvolvimento de culturas e/ou variedades resistentes à seca, de maturação precoce e de elevado rendimento são alguns dos principais meios propostos na estratégia de segurança alimentar do Governo do Estado da Eritreia. A batata é uma cultura de segurança alimentar altamente recomendada que pode proteger os países de baixos rendimentos dos riscos colocados pelo aumento dos preços internacionais dos alimentos (FAO, 2009).

A batata (*Solanum tuberosum* L.) é uma cultura de origem antiga. Foi cultivada pela primeira vez na América do Sul (Cordilheira dos Andes) e introduzida na Europa no século XVIth por exploradores espanhóis (Baloch, 2010). Ganhou reconhecimento como um alimento barato e nutritivo no século 18th e está atualmente entre as 10 principais culturas alimentares do mundo, cultivadas em 140 países (Macrae e Robinson, 1993). É a quarta maior cultura alimentar, a seguir ao trigo, arroz e milho. No entanto, a produção de matéria seca da batata por unidade de área excede a do trigo, do milho e da cevada (Rana, 2008). A batata é uma fonte de alimento e de rendimento em muitas das terras altas densamente povoadas da África Subsaariana. Devido ao seu elevado significado como fonte de alimento e de rendimento, a batata continua a ser uma cultura importante para a subsistência das populações rurais nestes países. Tendo em conta as perspectivas de crescimento do mercado da batata fresca e as actuais condições do mercado internacional, caracterizadas por preços elevados dos cereais, a batata pode ser considerada uma boa referência para o desenvolvimento rural na África Subsariana (Gildemacher *et al.*, 2009). A batata é também uma das principais culturas que contribuem para as necessidades alimentares mundiais (Karam *et al.*, 2009). Sempre que houve uma escassez de cereais alimentares, a batata veio em socorro das pessoas, uma vez que produz um rendimento superior a 40-50 t/ha. Pode produzir proteínas e calorias bem equilibradas numa unidade de superfície e de tempo do que outras culturas cerealíferas. A batata é uma cultura alimentar não cerealífera que ocupa uma posição tão elevada no mundo, uma vez que, sendo um alimento nutritivo, pode resolver os problemas de subnutrição se for adoptada como uma cultura alimentar importante e não apenas como uma cultura vegetal (Rana, 2008). Contribui com nutrientes essenciais para a dieta, incluindo vitamina C, potássio e fibra alimentar (Weaver & Marr 2013).

No ano de 2007, o volume total da produção mundial de batata foi de mais de 325,3 milhões de toneladas colhidas numa área total de 19,33 milhões de hectares. No mesmo ano, em África, a produção de batata foi de 16,71 milhões de toneladas em 1,54 milhões de hectares (FAO, 2009). O rendimento em países africanos produtores de batata como o Egipto e a África do Sul é de 24,8 e 34,0 t/ha, respetivamente (FAO, 2008). O relatório da FAO (2013) também indicou que, durante o ano de 2012, a Nova Zelândia, os Países Baixos, a Austrália, o Japão, a Turquia e o Irão obtiveram 52,2, 41,67, 35,9, 31,9, 27,0 e 25,1 t/ha de tubérculos de batata, respetivamente.

Nos últimos anos, a batata está a tornar-se uma das culturas prioritárias nas terras altas e médias da Eritreia, mais particularmente em Zoba Maekel e Zoba Debub (Biniam *et al.*, 2014a). É amplamente cultivada por pequenos agricultores, contribuindo para a segurança alimentar como fonte direta de alimentos e cultura de rendimento (MoA, 2010), com uma prática de baixo input e baixo output, numa área estimada de 24 000 ha e uma produção de 285 339 toneladas por ano (Biniam *et al.*, 2014a). A posse da terra e o rendimento da batata variam entre agricultores e locais, mas foi estimado em 12 t/ha em média (Bereketsehay, 2000 e MoA, 2010), o que é muito baixo em comparação com os padrões internacionais.

A batata é uma cultura de curta duração, de elevado rendimento e exaustiva. É, por conseguinte, imperativo aplicar fertilizantes equilibrados para uma produção qualitativa e quantitativa (Pervez *et al.*, 2013). Todos os nutrientes essenciais devem permanecer disponíveis em quantidades suficientes para sustentar o alto rendimento de tubérculos de boa qualidade e para repor os nutrientes do solo para alcançar o crescimento e desenvolvimento desejáveis da cultura da batata (Patricia e Bansal 1999). Além disso, o uso equilibrado de nutrientes é essencial para a produtividade sustentável das culturas. Em muitas áreas produtoras de batata, os fertilizantes de azoto (N) e fósforo (P) estão a ser usados enquanto a aplicação de potássio (K) é ignorada, o que causa uma séria diminuição no estado do potássio nos solos das áreas de cultivo de batata (Pervez *et al.*, 2013). O mesmo se passa no caso da Eritreia, em que os tipos de fertilizantes mais utilizados são o fosfato de di-amónio (DAP), a ureia e o estrume de curral (Biniam *et al.*, 2014a). O K é um nutriente essencial para todas as plantas e tem um efeito importante sobre o rendimento e a qualidade das batatas, bem como sobre a saúde geral e o vigor da cultura (Abd El-Latif *et al.,* 2011). A maioria dos fertilizantes é aplicada abaixo da taxa recomendada. Além disso, não são fornecidas recomendações de fertilizantes para o potássio. No entanto, alguns estudos indicaram uma resposta positiva das batatas à adição de potássio nalgumas zonas das terras altas (Recke *et al.*, 1997).

Isto é particularmente verdadeiro para o caso da Eritreia devido ao pressuposto de que o solo é desenvolvido a partir de material de origem rico em K e contém uma quantidade suficiente de K para suportar o crescimento das culturas. No entanto, este pressuposto baseia-se no trabalho efectuado há quarenta e sete anos por Murphy (1968), que indicava que o teor de potássio disponível na maioria dos solos da Etiópia (incluindo a Eritreia) é elevado. No entanto, resultados de investigações recentes provaram que o K é um mineral deficiente (0,18 a 0,25 cmol/kg de solo) na área de Hamelmalo (Million, 2014), o que pode ser resultado da erosão, de uma longa história de cultivo, pastoreio e colheita de lenha e madeira sem reciclagem de nutrientes (Bein *et al.*, 1996).

O potássio tem um papel crucial no aumento da produtividade dos tubérculos de batata porque desempenha um papel importante na fotossíntese, na regulação da abertura e do fecho dos estomas, favorece um elevado nível de energia que ajuda na translocação atempada e adequada de nutrientes e na absorção de água pelas plantas (Bergmann, 1992 e Havlin *et al.*, 2005). O fornecimento adequado de K ajuda as plantas a translocar eficazmente os fotossintatos dos locais de produção para os órgãos de armazenamento (Patil, 2011). O potássio também melhora a qualidade dos tubérculos. Além disso, o fornecimento adequado de potássio pode ajudar a reduzir o escurecimento interno e os danos mecânicos, e tem sido associado a uma maior tolerância ao stress (FAO, 2009).

1.2 Justificação

A batata é uma das culturas hortícolas prioritárias nas terras altas centrais da Eritreia, cultivada como cultura alimentar e de rendimento. Apesar da sua importância e do aumento da procura de batata, a produção, a produtividade e a qualidade da batata na Eritreia são baixas em comparação com a média internacional. A baixa fertilidade do solo é uma das restrições mais importantes que limitam a produção de batata na África Oriental e, portanto, é necessária uma intensificação agrícola acelerada e sustentável para uma produção adequada de batata (Muriithi e Irungu, 2004). A degradação dos solos é mais grave nas terras altas do centro e do norte da Eritreia. Uma longa história de cultivo, pastoreio e extração de lenha e madeira, sem reciclagem de nutrientes ou gestão da matéria orgânica, resultou numa fraca fertilidade do solo e numa vegetação empobrecida (Bein *et al.*, 1996). Tal como noutros países em desenvolvimento, também há falta de material de plantação limpo disponível, o que leva a um baixo rendimento, à propagação de doenças e a produtos de baixa qualidade (Tadesse, 2000 e Biniam *et al.*, 2014b). As sementes utilizadas na Eritreia consistem numa mistura de muitas cultivares que foram originalmente importadas e tubérculos de sementes que foram guardados ao longo de muitas gerações pelos agricultores locais (MoA, 2010). Os relatórios do Ministério da Agricultura do Estado da Eritreia (2012) indicaram que o elevado custo dos factores de produção, especialmente das sementes, dos fungicidas e dos fertilizantes, e a escassez de fertilizantes, tanto em quantidade como em tipo, resultaram na ausência de aplicação ou na aplicação de uma taxa inferior à recomendada. Os produtores de batata na Eritreia seguem diferentes práticas agrícolas para obterem um rendimento elevado. Cultivam-na tanto em condições de sequeiro como de regadio, muitas vezes em pequenas parcelas de terreno com recursos limitados (Biniam *et al.*, 2014a), aplicam fosfato de di-amónio (DAP), ureia e estrume de curral a partir de recursos limitados, apenas quando estes estão disponíveis e são acessíveis (Asgedom *et al.*, 2011, Saleh *et al.*, 2013 e Biniam *et al.*, 2014a). No entanto, a dose, o tempo e os métodos de aplicação são tão diferentes entre os agricultores e em diferentes áreas de produção (Biniam *et al.*, 2014a). Muitas atividades de pesquisa recentes para melhorar e otimizar a produtividade e a qualidade da batata através da aplicação de K foram realizadas em outros países produtores de batata e resultados promissores foram obtidos e recomendados pelos autores (Wassie, 2009, Noor, 2010, Abubaker *et al.*, 2011 e Abay e Sheleme 2011). No entanto, não foi efectuada qualquer investigação sobre a resposta das variedades de batata aos níveis de potássio na Eritreia. Esta experiência foi, portanto, concebida para realizar uma experiência de campo sobre a resposta de variedades de batata a diferentes níveis de potássio na zona de Hamelmalo. Espera-se que o presente estudo contribua, sem dúvida, para o aumento da produtividade da batata no país e para a melhoria dos meios de subsistência dos produtores de batata. O estudo foi concebido para atingir os seguintes objectivos gerais e específicos:

1.3 Objectivos do estudo

1.3.1 Objetivo geral

Otimizar a produtividade da batata e melhorar a qualidade dos tubérculos na Eritreia.

1.3.2 Objectivos específicos

• Examinar a resposta de diferentes variedades de batata aos níveis de potássio no rendimento e na qualidade

• Determinar o nível económico mais rentável de potássio que produz o máximo rendimento e qualidade da batata.

CAPÍTULO 2

REVISÃO DA LITERATURA

2.1 Planta de batata

A batata (*Solanum tuberosum L.*), pertencente ao género *Solanum,* é também conhecida como batata branca ou batata irlandesa. É uma planta herbácea anual; a parte comestível é um caule subterrâneo modificado conhecido como tubérculo (Rana, 2008). Os tubérculos da batata são formados nas pontas do caule subterrâneo chamado estolho. Os tubérculos têm uma forma ovoide a cilíndrica, com pele branca, cor-de-rosa ou roxa. Têm uma polpa amarela a branca ou cor-de-rosa. Dependendo da variedade, um único tubérculo pode pesar 50-500 g (Messiaen, 1992).

A batata é um tetraploide e existe alguma esterilidade entre as cultivares. As cultivares totalmente férteis florescem e obtêm frutos que se assemelham ao tipo selvagem de tomate (Peirce, 1987). A subespécie *Solanum tuberosum* é um tetraploide ($2n = 48$) que prefere ser cultivada a uma altitude mais elevada e com dias mais longos. Uma subespécie relacionada, *S. andigena,* também é tetraploide ($2n = 48$) e prefere ser cultivada a maior altitude e com uma duração do dia mais curta (Baloch, 2010).

2.2 Importância da batata

Com a sua adaptabilidade a uma vasta gama de utilizações, a batata tem um papel potencialmente significativo a desempenhar nos sistemas alimentares dos países em desenvolvimento. Produz a maior quantidade de matéria seca, hidratos de carbono, proteínas comestíveis, minerais e vitaminas C e B por unidade de área e tempo. A batata é um alimento de baixo teor calórico e as suas proteínas têm um valor biológico quase igual ao do ovo ou do leite. Trata-se de um alimento saudável, nutritivo e versátil que pode ajudar os países em desenvolvimento a fazer face à diminuição dos recursos terrestres (FAO, 2009).

A parte carnuda do tubérculo é geralmente consumida como legume. A batata é também utilizada no fabrico de medicamentos. Um pó de proteína purificado feito de batata é misturado com água e utilizado para controlar o apetite para perda de peso. Algumas pessoas colocam a batata crua diretamente na área afetada por artrite, infecções, furúnculos, queimaduras e dores de olhos. Foi feita uma cataplasma com batatas a ferver em água. Este vegetal aparentemente trivial, se for cozido a vapor ou estufado, ajuda o corpo a lutar contra as toxinas, devido ao seu rico teor de potássio. Ajuda a eliminar o ácido úrico, como é indicado no reumatismo e na artrite. A batata é muito boa para pessoas nervosas, com cãibras, insónias e tosse (Umadevi *et al.,* 2013). A batata também é recomendada para diabetes, cozida em cinzas, para que não perca nenhum sabor ou qualidades nutricionais. A batata leva à melhoria da saúde geral e, em pacientes com complicações cirúrgicas, a uma regeneração dos tecidos, promovendo os processos de cicatrização de feridas (Umadevi *et al.*, 2013). O sumo de batata crua é valioso nos distúrbios estomacais e intestinais. Uma chávena do seu sumo, tomada três vezes por dia, cura a úlcera péptica causada por *Helicobacter pylory*. As batatas são uma bênção para aqueles que desejam reduzir a tensão arterial, limitando a ingestão de sal. Sendo uma boa fonte de ferro, o seu consumo regular é conhecido por prevenir a anemia (Rana, 2008)

2.3 Variedades de batata

Até à data, estão a ser produzidas muitas variedades de batata para diferentes fins. Algumas variedades são desenvolvidas para processamento ou enlatamento, enquanto outras são para o mercado de produtos frescos (Acquaah, 2005). Com base nas suas utilizações e no teor de amido ou gravidade específica, as batatas podem ser agrupadas em três categorias: caldeiras, processamento e panificação. As caldeiras destinam-se ao mercado de produtos frescos e à cozedura, as batatas de transformação destinam-se a produtos enlatados ou desidratados, à produção de batatas fritas e os padeiros destinam-se à produção de pão ou bolos. As variedades com uma gravidade específica elevada (superior a 1,08) são consideradas excelentes para a transformação e a panificaçao, enquanto as variedades com uma gravidade específica baixa se destinam a caldeiras (Peirce, 1987). As variedades também diferem na sua adaptação a factores de produção como a humidade, o solo e as condições atmosféricas (Acquaah, 2005). As variedades de batata diferem marcadamente em vários caracteres da planta. As plantas apresentam um hábito de crescimento que varia de prostrado a ereto. O tamanho, a forma e o número de folhas apresentam grandes variações. Os tubérculos têm tamanho, forma e cor diferentes (Baloch, 2010). As variedades de culturas variam na sua fisiologia, morfologia e hábito de crescimento, assim como na sua resposta à aplicação de fertilizantes (Wassie, 2009). Para além disso, as diferentes variedades de batata diferem acentuadamente na sua capacidade de produção. As cultivares de batata têm grandes variações no seu crescimento, rendimento e qualidade dos tubérculos e os agricultores estão mais interessados nas variedades que produzem consistentemente rendimentos elevados nas suas condições de cultivo (Abubaker *et al.*, 2011). De acordo com Van der Zaag (1992), as variedades com haulm extenso crescem normalmente tarde. A maturidade, o número de caules principais e de tubérculos por planta, o tamanho e a forma dos tubérculos da cultura da batata são influenciados principalmente pela variedade, para além de serem também influenciados pelo solo e pelas condições ambientais. As necessidades de potássio da batata variam consoante as variedades utilizadas na plantação (Rana, 2008). Havlin *et al.*, (2005) também concluíram que as culturas variam na sua capacidade de resposta ao potássio. De acordo com (Wassie, 2009), as diferenças significativas entre as variedades de batata na sua resposta aos fertilizantes e no desempenho do potencial de produção de tubérculos podem dever-se às diferenças na sua adaptabilidade ao ambiente específico e à eficiência da utilização de nutrientes. Universalmente, as variedades de batata de crescimento rápido que produzem tubérculos de grandes dimensões respondem mais ao K do que as variedades com tubérculos de pequenas dimensões, uma vez que se sabe que a aplicação de K aumenta o tamanho dos tubérculos (Trehan e Grewal, 1990).

Conforme relatado pelo MoA (2009), os tubérculos de batata-semente utilizados na Eritreia destinam-se ao consumo fresco e consistem em muitas cultivares cultivadas localmente (Carnetiom e Shashemene), bem como variedades exóticas (*Ajiba*, Condor, Cosmos, *Picasso*, Spunta, *Zafira* e outras). Nos planaltos centrais, *Picasso* e Condor estão entre as variedades de maior rendimento, mas devido à sua cor de pele rosada, obtêm um preço de mercado mais baixo e têm menos procura no mercado em comparação com *Ajiba* e *Zafira*, que são boas na produção e têm maior procura e preço de mercado.

Ajiba é uma variedade medianamente precoce e de elevado rendimento; tem um teor de matéria seca elevado a bom, adequado para consumo fresco. Produz tubérculos muito uniformes a uniformes, ovais, redondos, grandes e de pele rugosa. *A Zafira é uma* variedade de rendimento médio precoce a médio tardio, com baixo teor de matéria seca, adequada para consumo em fresco. Produz tubérculos amarelos de pele lisa, de forma uniforme, grandes, ovais a ovais longos. *Picasso* é uma variedade de rendimento médio precoce a médio tardio muito elevado, com tubérculos com baixa percentagem de matéria seca, adequada para consumo fresco. Produz tubérculos de qualidade uniforme, grandes a muito grandes, de pele amarela rugosa com olhos vermelhos (NIVAP, 2011).

2.4 Requisitos climáticos e edáficos da batata

A batata é uma cultura de estação fria, mas suscetível a geadas ou temperaturas de congelação (Peirce, 1987) O clima desempenha um papel vital na produção, produtividade e qualidade da batata. Entre os factores climáticos que regem o crescimento e o desenvolvimento da cultura, a temperatura é reconhecida como um dos factores mais importantes que afectam o rendimento da batata (Baloch, 2010). A temperatura e a duração do dia exercem uma influência considerável no crescimento e desenvolvimento da cultura. Geralmente, a temperatura fresca promove a tuberização e os dias de sol e as noites frescas favorecem o crescimento dos tubérculos. Para um melhor desenvolvimento dos tubérculos, a temperatura nocturna tem mais influência do que a temperatura diurna e quanto mais fria for, melhor. Um fotoperíodo curto associado a uma temperatura nocturna baixa favorece o desenvolvimento dos tubérculos (Rana, 2008). A temperatura nocturna excessiva durante o período de tuberização aumenta a respiração e reduz a disponibilidade de fotossintatos para translocação, atrasando assim a tuberização e reduzindo o rendimento. As noites frescas são essenciais para a produção máxima de batatas de primeira qualidade (Peirce, 1987).

A batata pode ser semeada numa variedade de solos minerais ou orgânicos bem drenados, sendo preferível o solo franco ou franco-arenoso (Peirce, 1987). A batata tem um sistema radicular relativamente fraco e pouco profundo, impermeável às camadas mais profundas do solo, o que limita o desenvolvimento das raízes e dos tubérculos. Para um melhor desenvolvimento da batata, é preferível um solo arenoso a argiloso, profundo e fértil, com boa capacidade de retenção de água (Baloch, 2010).

2.5 Necessidades nutricionais da batata

Devido ao seu elevado potencial de produção por unidade de área por unidade de tempo e ao facto de ser uma cultura exaustiva, as necessidades de estrume orgânico da cultura da batata são comparativamente elevadas. O estrume orgânico é muito útil para um melhor crescimento das plantas e dos tubérculos, uma vez que fornece nutrientes e melhora as propriedades físico-químicas do solo. Além disso, a incorporação de FYM produz um efeito positivo nas condições físicas, fauna e microflora do solo, portanto, para uma melhor utilização de fertilizantes e outros insumos e para obter maior rendimento da cultura da batata, o estrume orgânico deve ser incorporado no solo @ 20 t/ha (Rana, 2008). Para além disso, como qualquer outra cultura, a batata requer uma variedade de nutrientes minerais para o seu crescimento e desenvolvimento e tem requisitos rigorosos para uma gestão equilibrada da fertilização, sem a qual o crescimento e o desenvolvimento da cultura são fracos e tanto o rendimento como a qualidade dos tubérculos diminuem (Muriithi e Irungu, 2004 e Ramyabharathi *et al.*, 2014). As aplicações de fertilizantes para as batatas são feitas com base na satisfação das necessidades das plantas e no fornecimento existente de nutrientes no solo. A necessidade exacta de nutrientes é uma função de muitos factores, tais como a taxa de crescimento, a fase de crescimento, as condições climáticas e a variedade de batata (Horneck e Rosen, 2008). Embora todos os 16 elementos essenciais sejam necessários para o crescimento das plantas de batata, os minerais mais importantes são o N, o P, o K e o Mg, em que o N tem um efeito muito marcado no crescimento da cultura, afectando também o tipo de crescimento. O azoto é utilizado durante todo o período de crescimento, mas a sua absorção é particularmente rápida quando as plantas produzem muita folhagem, o que acontece especialmente depois de atingirem uma altura de 15 a 20 cm. O fósforo é absorvido durante todo o período vegetativo, mas, tal como o azoto, a absorção é mais rápida quando a folhagem está em pleno crescimento. O potássio é absorvido em grande quantidade pelas plantas de batata. Se houver uma deficiência de K, a cultura morre em detrimento do rendimento (Van der Zaag, 1992). Os fertilizantes NPK melhoram tanto o rendimento como a qualidade dos tubérculos de batata e a batata requer grandes quantidades de fertilizante de potássio para um crescimento, produção e qualidade de tubérculos óptimos (Al-Moshileh e Errebi, 2004).

Embora a utilização de nutrientes possa diferir entre as cultivares e diferentes ambientes, um rendimento de 27 toneladas de tubérculos removerá 179 kg de azoto, 21 kg de fósforo e 256 kg de potássio (Peirce, 1987). Os níveis de certos nutrientes, como o potássio, afectam não só o rendimento, mas também a maturidade e a qualidade da cultura. O fósforo é especialmente importante no crescimento inicial. O nitrogénio aumentará o número de estolhos e o crescimento da folhagem e aumentará o tamanho dos tubérculos (Peirce, 1987). O potássio tem uma importância prodigiosa na melhoria da qualidade e do rendimento das batatas (Pervez *et al.*, 2013).

2.6 Importância do potássio na produção de batata

O potássio é um nutriente reconhecido como sendo essencial para o crescimento das culturas, incluindo a batata (Dampney *et al.*, 2011). É absorvido pelas plantas em maior quantidade do que qualquer outro nutriente, exceto o azoto (Havlin *et al.*, 2005). O seu papel está bem documentado na fotossíntese, aumentando a atividade enzimática; melhorando a síntese de proteínas, hidratos de carbono e gorduras, translocação do fotossintetato (Abd El-Latif *et al.*, 2011). O K está envolvido na ativação de enzimas importantes para a utilização de energia, síntese de amido, metabolismo do N e respiração. Estas enzimas são abundantes no tecido meristemático nos pontos de crescimento (como olhos de tubérculos em brotação) onde as células estão a dividir-se e os tecidos primários são formados (Havlin *et al.*, 2005). O nutriente é altamente móvel nos tecidos condutores e ajuda no transporte de amido e açúcares. A potassa é um nutriente essencial para todas as plantas e tem um efeito importante sobre o rendimento e a qualidade das batatas, bem como sobre a saúde geral e o vigor da cultura. Está envolvido na regulação da quantidade de água na planta; na ausência de potássio suficiente, as culturas não utilizam a água de forma eficiente. Além disso, níveis adequados de potássio na planta ajudam-na a resistir ao stress hídrico durante os períodos de seca (Abd El-Latif *et al.*, 2011).O potássio desempenha um papel vital na manutenção da turgidez das células vegetais. Devido à sua importância na manutenção do turgor, o potássio é essencial para obter a extensão máxima das folhas e o alongamento do caule. Isto ajuda a obter uma cobertura rápida do solo, maximizando assim a interceção da luz solar e, consequentemente, a taxa de crescimento nos períodos críticos iniciais da estação de crescimento, o que é de particular importância para as culturas semeadas na primavera, como a batata (Abd El-Latif *et al.*, 2011). O potássio tem um papel crucial no aumento da produtividade dos tubérculos de batata porque desempenha um papel importante na fotossíntese, na regulação da abertura e fecho dos estomas, favorece um elevado nível de energia que ajuda na translocação atempada e adequada de nutrientes e na absorção de água pelas plantas. Também diminui a respiração no escuro, levando a uma maior deposição de fotossintatos nos tubérculos (Bergmann, 1992, Havlin *et al.*, 2005 e Patil, 2011). O potássio não só melhora o rendimento como também a qualidade dos tubérculos. Um fornecimento adequado de potássio pode ajudar a reduzir o escurecimento interno e os danos mecânicos, e tem sido associado a uma maior tolerância ao stress (FAO 2009). O potássio também contribui para vários aspectos da qualidade do tubérculo que podem ser vitais para uma amostra comercializável (Abd El-Latif *et al.*, 2011).

2.6.1 Sintomas de carência de potássio

O potássio é móvel nas plantas; os seus sintomas visuais aparecem normalmente primeiro nas folhas inferiores, progredindo para as folhas superiores à medida que a deficiência se torna grave (Havlin *et al.*, 2005). Trehan *et al.*, (2001) descobriram que as culturas de batata deficientes em potássio tinham uma altura de planta mais curta, um menor número de rebentos e folhas. Além disso, as folhas apresentavam-se verde-escuras com tonalidade azulada a uma cor bronze, com clorose interveinal, queimadura da margem da folha e manchas castanhas na superfície inferior das folhas.

O murchamento e o colapso prematuro da folhagem são também sintomas típicos de deficiência de potássio. A deficiência de K influencia as actividades metabólicas principalmente relacionadas com a fotossíntese, e a síntese e translocação de enzimas. O aumento da respiração no escuro sob deficiência de K reduz o crescimento da planta e a qualidade da colheita (Havlin *et al.*, 2005). Pelo contrário, a aplicação excessiva de potássio causa deficiência de azoto nas plantas; as plantas também apresentam sintomas de deficiência de magnésio e cálcio (Ramyabharathi *et al.*, 2014).

2.6.2 Tempo e métodos de aplicação de fertilizantes potássicos

Os fertilizantes potássicos podem ser aplicados na plantação e como cobertura durante a estação de crescimento (Grewal *et al.*, 1991). De acordo com Horneck e Rosen (2008), a maioria dos fertilizantes potássicos é normalmente aplicada antes da plantação. A aplicação fraccionada de potássio tem pouco efeito sobre a produção de tubérculos, uma vez que a sua mobilidade no solo é menor devido à natureza semi-móvel do nutriente, pelo que a sua colocação por baixo e nos lados dos tubérculos é melhor do que a sua aplicação a lanço (Rana, 2008). Da mesma forma, Havlin *et al.* (2005) referiram que, devido à natureza imóvel do K no solo, é desejável a aplicação total de fertilizantes com K, que são aplicados e incorporados antes ou aquando da plantação. Para evitar efeitos de toxicidade salina na cultura, o K colocado numa faixa ao lado e abaixo da semente é mais eficiente do que a aplicação a lanço

2.6.3 Efeito da fertilização potássica no crescimento da batata

O crescimento e o desenvolvimento das plantas, que são altamente influenciados pela variedade, pelo solo e pelo ambiente de cultivo, têm um efeito no rendimento das culturas. Por conseguinte, a quantificação e a monitorização do crescimento e desenvolvimento das plantas podem dar uma pista para estimar o potencial de rendimento da batata, uma vez que as partes vegetativas (como a folha e o caule) são o local onde ocorre a fotossíntese e os fotossintatos são translocados para os órgãos de armazenamento da cultura. A folha é o principal órgão para a fotossíntese na planta, e suas células são organizadas de forma a proporcionar a máxima eficiência (Adams e Early, 2004). As variedades com maior número de caules tendem a ter mais crescimento vegetativo, o que leva a um maior número de folhas (Abubaker *et al.*, 2011), que produzem mais fotossintatos e, consequentemente, maior rendimento. O potássio tem um papel importante na produção de folhas saudáveis de uma cultura. Noor (2010) relatou que o maior número de folhas 45.167 por planta foi obtido com a aplicação de 150 kg K2O/ha e que o aumento dos níveis de potássio acima deste nível resultou na diminuição do número de folhas. Pervez *et al.*, (2013) também relataram que a maior altura de planta e folhas por planta, foram obtidas a partir da aplicação de 150 kg K2O/ha, juntamente com 250 kg/ha de uréia e 125 kg/ha SSP.

Os caules suportam ramos e folhas para resistir às condições climáticas e os estolhos são produzidos a partir das partes subterrâneas dos caules que, por fim, dão origem aos tubérculos. Assim, quanto maior for o número de caules, maior será o número de estolhos e de tubérculos por planta, o que contribui para um rendimento tangível da planta (Noor, 2010). Iritani *et al.*, (1983) referiram que um maior número de caules por planta provoca uma redução do rendimento, através do aumento do tamanho dos tubérculos pequenos. Pelo contrário, Hammes (1985) referiu que não existe qualquer relação entre o rendimento e os caules principais, uma vez que, para a mesma densidade de caules acima do solo, os tubérculos-semente com muitos caules principais e os tubérculos-semente com caules principais simples e bem ramificados dão um rendimento semelhante. No entanto, (Abubaker *et al.*, 2011) verificaram que o número de caules por planta tem efeitos positivos no número de tubérculos por planta e no rendimento total da cultura. De acordo com as conclusões de Al-Moshileh e Errebi (2004), o tratamento com potássio não teve qualquer efeito significativo no número de caules aéreos por planta. Do mesmo modo, Noor (2010) referiu que o tratamento com potássio não teve qualquer influência significativa no número de caules aéreos por planta, mas, à medida que o nível de potássio ultrapassa os 250 kg/ha, tem um efeito negativo que reduz o número de caules aéreos abaixo do controlo. De acordo com as conclusões de Pervez *et al.* (2013), foi obtido um maior número de caules com a aplicação de 150 kg K2O /ha.

A altura da planta, que é um dos principais indicadores de crescimento da planta, foi significativamente influenciada pela aplicação de K, na qual a leitura mais elevada foi obtida com a aplicação de 225 kg K2O/ha (Al-Moshileh e Errebi, 2004). Do mesmo modo, Asmaa e Magda (2010) referiram que os parâmetros de crescimento vegetativo, como a altura das plantas, aumentaram gradual e significativamente com o aumento do nível de aplicação de potássio de 95, 190 até 285 kg K2O/ha. No entanto, Noor (2010) relatou que o K2O aumentou a absorção de N pelas plantas quando é aplicado na faixa de 100-150 kg K2O/ha, resultando em altura máxima da planta. A altura das plantas tornou-se estática e diminuiu gradualmente à medida que o nível de K2O aumentou para além de 150 kg/ha. Isso se deve ao fato de que altos níveis de K2O inativam o sistema radicular e reduzem o suprimento de N, o que pode proibir o crescimento das plantas.

2.6.4 Efeito da fertilização potássica na produção de tubérculos

A batata é uma cultura única, nutritiva e saudável, que pode complementar as necessidades alimentares de um país de forma subsistente. Sempre que se registou uma escassez de cereais, a batata veio em socorro da população, pois produz um rendimento superior a 40-50 t/ha. Pode produzir proteínas e calorias bem equilibradas numa unidade de superfície e de tempo do que outras culturas de cereais. A batata é uma cultura alimentar não cerealífera que ocupa uma posição tão elevada no mundo e, sendo um alimento nutritivo, pode resolver os problemas de subnutrição se for adoptada como uma cultura alimentar importante e não apenas como uma cultura vegetal (Rana, 2008). O rendimento total da batata depende da duração do período de crescimento dos tubérculos e do crescimento médio dos tubérculos por dia, sendo também o resultado do número de tubérculos e do peso médio de cada tubérculo. O tamanho dos tubérculos do produto colhido depende da produção total de tubérculos e do número de tubérculos por m^2 . O número de tubérculos por m^2 depende do número de caules principais por m^2 e do número de tubérculos por caule principal. O número de tubérculos por haste principal é também influenciado pela variedade. Além disso, deve notar-se que se formam normalmente menos tubérculos em solos pesados e duros do que em solos leves (Van der Zaag, 1992 e Vaezzadeh e Naderidarbaghshahi, 2012). O número de caules principais também pode afetar o rendimento e, o que é ainda mais importante, a classificação por tamanho. Está provado que o rendimento de tubérculos com mais de 28 mm é mais elevado quando existem 30 a 35 caules principais por m^2 e que o rendimento máximo de tubérculos com mais de 50 mm é obtido quando existem aproximadamente 15 (Van der Zaag, 1992). A aplicação de potássio tem grande influência no rendimento da batata, (Perrenoud, 1993) descobriu que o rendimento de 37 t/ha foi alcançado com a aplicação de 196 kg K2O/ha em combinação com as doses recomendadas de N e P. O programa de fertilização potássica usado por um produtor também pode influenciar a cultura de várias maneiras. A insuficiência de K pode resultar em rendimentos reduzidos e produzir tubérculos de menor tamanho (Tindall e Westermann, 1994). Em 1998, foi obtido um rendimento máximo de 40,8 t/ha quando foram aplicados 150 kg de K2O/ha juntamente com 180 kg de N/ha e 100 kg de P2O5/ha, contra um rendimento de tubérculos de 14,6 t/ha nas parcelas de controlo sem qualquer aplicação de NPK (Patricia e Bansal, 1999). O potássio desempenha um papel importante na translocação de hidratos de carbono a partir do local da fotossíntese e resultou no aumento do tamanho dos tubérculos da cultura (Adhikary e Karki, 2006). Abd El-Latif *et al.,* (2011) referiram que o rendimento total dos tubérculos aumentou gradual e significativamente com o aumento do nível de potássio e que o rendimento mais elevado de 24,5 t/ha foi obtido com a aplicação de 285 K2O kg/ha. Abay e Sheleme (2011) também descobriram que o maior rendimento de tubérculos (53,33 t/ha), que é 11,4% de vantagem de rendimento sobre o controlo, foi obtido com a aplicação de 280 kg K/ha. Da mesma forma, (Dampney *et al.,* 2011) relataram que grandes quantidades de potássio, tipicamente 290 kg

K2O/ha, são removidas para a produção de 50 t/ha de tubérculos em batatas, portanto, aplicações maiores só serão justificadas se houver probabilidade de melhorias no rendimento e/ou na qualidade com taxas mais altas de aplicação de potássio.

O número de tubérculos por planta, que é influenciado pela variedade da cultura, pelo estado nutricional do solo e por outros factores ambientais (Wurr *et al.,* 2001), tem um efeito significativo no rendimento total e na qualidade dos tubérculos de batata. Verificou-se que o tamanho dos tubérculos e o seu número por planta eram afectados pelos níveis de K_2O e pelos seus métodos de aplicação; isto porque o potássio desempenha um papel importante na translocação de hidratos de carbono do local da fotossíntese para o tubérculo, resultando num aumento do tamanho dos tubérculos da cultura (Adhikary e Karki, 2006). De acordo com Bansal e Trehan (2011), a aplicação de potássio aumenta o tamanho dos tubérculos, especialmente se o fornecimento de K no solo for baixo a médio. Os tubérculos maiores são preferidos pela indústria transformadora, pelo que a rentabilidade para o produtor de batata será maior. Pervez *et al.,* (2013) relataram que o maior peso de tubérculos (0,34 kg por planta), número de tubérculos (6,12/planta) e rendimento de 23,43 toneladas por hectare foi obtido a partir da aplicação de 150 kg K_2O/ha, juntamente com 250 kg/ha de ureia e 125 kg/ha de SSP. Wibowo *et al.,* (2014) também relataram que a adição de fertilizante K2SO4 aumentou o número de tubérculos produzidos.

2.6.5 *Efeito da fertilização potássica na qualidade dos tubérculos*

A qualidade dos tubérculos de batata pode ser dividida em aspectos externos, como a forma e o tamanho do tubérculo, os defeitos superficiais, os danos visíveis, etc., e aspectos internos, como o teor de matéria seca, o teor de açúcar, os defeitos internos e as doenças. Todas estas características de qualidade são determinadas pela variedade de batata e pelas condições em que é cultivada (Van der Zaag, 1992). Vários factores influenciam o teor de matéria seca dos tubérculos e é sabido que o teor de matéria seca dos tubérculos aumenta com a maturidade e que pode ocorrer uma diminuição no final da estação de crescimento, altura em que se assume que as perdas de respiração excedem os ganhos de assimilação. A absorção de água e de minerais pode afetar o tipo de crescimento, mas também tem um efeito direto na matéria seca dos tubérculos, como foi demonstrado no caso do potássio e do cloreto. O potássio, quando administrado em grandes quantidades, tende a reduzir o teor de matéria seca, sendo mais acentuado em solos mais leves do que em solos pesados e aumentado pela presença de cloreto nos sais de potássio (Van der Zaag, 1992). Foi igualmente referido que se parte do princípio de que o efeito varietal no teor de matéria seca dos tubérculos se exerce principalmente através da maturidade, do tipo de crescimento e da absorção de água e de minerais. Enquanto não existirem dados claros sobre as diferenças entre variedades na distribuição da matéria seca na planta ou na anatomia dos tubérculos que possam afetar o teor de matéria seca dos tubérculos, o efeito varietal pode ser explicado da forma descrita. Geralmente, o teor de matéria seca dos tubérculos de batata diminui com o aumento do rendimento das culturas, por exemplo, um rendimento de 50 t/ha de tubérculos com um teor de matéria seca de 20% é, do ponto de vista da capacidade de produção, comparável a um rendimento de 40 t/ha de tubérculos com um teor de matéria seca de 25%. (Van der Zaag, 1992). A gravidade específica, que é o peso relativo das batatas em comparação com o peso do mesmo volume de água. Está intimamente relacionada com o teor de amido do tubérculo ou com os sólidos totais e, por conseguinte, com o teor de matéria seca dos tubérculos. Os termos "gravidade específica" e "teor de matéria seca", que são uma medida da qualidade da batata, podem ser utilizados indistintamente (Stark e Love, 2003). A fertilização potássica geralmente reduz a gravidade específica, especialmente se aplicada em taxas excessivas do que o necessário para o rendimento máximo (Berger *et al.*, 1961). Em solos deficientes em potássio, a percentagem de matéria seca aumentou com o aumento das doses de K, mas geralmente apenas até à taxa necessária para um rendimento ótimo (McNabnay *et al.*, 1999). No entanto, (Bergmann, 1992) referiu que, com o aumento da aplicação de potássio, o conteúdo de água do volume plasmático foi influenciado, afectando o conteúdo de água dos tecidos carnudos de armazenamento dos tubérculos de batata e reduzindo assim o conteúdo de matéria seca. Além disso, Wuzhong, (2002) referiu que um aumento da aplicação de fertilizante K aumentou o teor de açúcar que, por sua vez, uma maior importação e acumulação de açúcar pode aumentar o teor de SST no sumidouro (Balibrea *et al.*, 2006).

A gravidade específica e a percentagem de matéria seca estão altamente correlacionadas e são dois meios alternativos de estimar o conteúdo sólido dos tubérculos (Kabir e Lemaga 2003). De acordo com Naz *et al.*, (2011) os teores de matéria seca estão associados às quantidades de amido, proteínas e constituintes minerais presentes. Em geral, um elevado teor de matéria seca está associado a um elevado teor de amido e a uma elevada qualidade culinária das batatas. A proporção reduzida de fertilizantes NPK amplificou os teores de gorduras e cinzas, enquanto que os teores de proteínas, fibras e matéria seca aumentaram com o aumento das proporções de NPK. O teor máximo de matéria seca das variedades transformadas, 28,52%, foi obtido com a aplicação de 210 kg de K/ha, juntamente com 140 kg de P e N cada. Bansal e Trehan (2011) concluíram que, se houver uma resposta de rendimento à aplicação de potássio, o uso de K pode aumentar a matéria seca do tubérculo. Isto é mais pronunciado se for utilizada a forma de sulfato (SOP). De acordo com Pervez *et al.*, (2013) o tratamento com K não teve qualquer efeito significativo no teor de matéria seca e na gravidade específica dos tubérculos de batata. O autor acrescentou que a maior gravidade específica de 1,07 e matéria seca (18,75 %) foi obtida com a aplicação de 150 kg K_2O/ha. (2014) relataram que o tratamento com potássio não influenciou significativamente o teor de matéria seca dos tubérculos de batata. O TSS é um carácter qualitativo e nutritivo relacionado com a maturidade e o amadurecimento dos tubérculos (Noor, 2010). De acordo com as conclusões de Abd El-Latif *et al.*, (2011) em 2009, a aplicação de fertilizantes K não teve qualquer efeito significativo nos sólidos solúveis totais dos tubérculos. No entanto, Pervez *et al.,* (2013) verificaram que os sólidos solúveis totais foram significativamente afectados pela aplicação de K e o valor mais elevado foi obtido com a aplicação de 150 kg de SOP.

CAPÍTULO 3

MATERIAIS E MÉTODOS

3.1 Descrição do sítio

Este projeto de investigação foi realizado na quinta de investigação do Colégio Agrícola de Hamelmalo; Hamelmalo (Eritreia) durante o ano de 2014. Está localizada a 12 km a norte de Keren, a 38° 27'42" de longitude leste, 15° 52'21" de latitude norte e está situada a uma altitude de 1285 metros acima do nível do mar. O clima da zona é semi-árido, com 429,1 mm de precipitação anual durante a estação de crescimento.

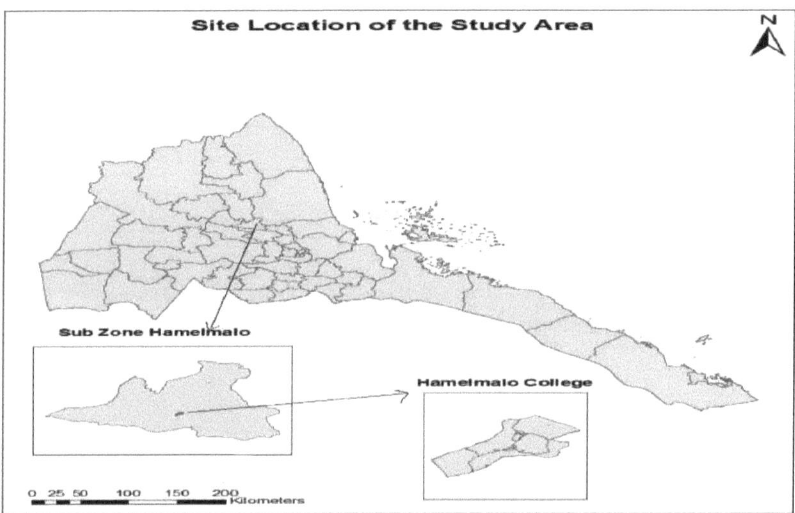

Figura 1 Localização da área de estudo.

3.2 Análise físico-química do solo

Antes da plantação da cultura da batata, foram colhidas nove amostras de solo de diferentes áreas dos blocos experimentais com a ajuda de um trado a 0-30 cm de profundidade, para a análise que foi efectuada no Instituto Nacional de Investigação Agrícola de Halhale, Eritreia. Foi preparada uma amostra composta e representativa do solo através da mistura das amostras colhidas. Foi seca ao ar e depois passada por um peneiro de 2 mm. Por fim, a amostra de solo foi analisada quanto às suas propriedades físico-químicas.

Quadro 1 Propriedades químicas do solo do campo experimental a 30 cm de profundidade

pH	8.01
CE (ms/cm)	0.13
OM%	0.11
N%	0.03
P (ppm)	1.07
Ca^{++} (meq/100g)	16
Mg^{++} (meq/100g)	5
K+ (meq/100g)	0.09
Na+ (meq/100g)	0.29
CEC (meq/100g de solo)	22.8

Quadro 2 **Propriedades físicas do solo do campo experimental a 30 cm de profundidade**

Areia %	61.9
Argila %	13.2
Silte %	24.9
Textura do solo Classe	Argila arenosa

3.3 Materiais

Foram seleccionadas três variedades de batata promissoras "*Ajiba, Zafira* e *Picasso*" e o sulfato de potássio foi utilizado como fonte de potássio para o estudo. O tamanho dos tubérculos destas variedades utilizadas como semente não era uniforme. O peso dos tubérculos-semente utilizados tinha um peso médio de 125, 100 e 105 g para *Ajiba, Zafira* e *Picasso*, respetivamente. A investigação foi conduzida durante o outono de 2014 para estudar a resposta das variedades de batata aos níveis de potássio.

3.4 Esquema experimental e tratamentos

O experimento foi realizado em um arranjo fatorial de blocos completos aleatórios (RCBD) com três repetições. Os tratamentos consistiram em três variedades de batata (*Ajiba, Zafira* e *Picasso*) e cinco níveis de potássio (0, 75, 150, 225 e 300 kg K_2O/ha).

Quadro 3 Pormenores dos tratamentos

Níveis de potássio (K_2O kg/ha)	Variedades

	Ajiba (v_1)	*Zafira* (v_2)	Picaso (v_3)
0 (k_1)	V1K1	V2K1	V3K1
75 (k_2)	V1k2	V2K2	V3K2
150 (k_3)	V1k3	V2K3	V3K3
225 (k_4)	V1K4	V2K4	V3K4
300 (k_5)	V1K5	V2K5	V3K5

3.5 Preparação dos campos e cultivo das culturas

O campo foi lavrado duas vezes e gradeado uma vez até obter uma camada fina, tendo sido depois limpo e nivelado. Foram aplicadas 20 t/ha de estrume de quinta, como recomendado por (Rana, 2008). Foram preparadas parcelas com 3 x 3 m de dimensão e uma área de 9 m² com a provisão de canais e sub-canais para irrigação. N e P2O5 foram aplicados a 225 e 132 kg/ha, respetivamente, de acordo com a recomendação de Hochmuth e Hanlon (2000). Todas as doses de FYM e P e meia dose de N foram aplicadas uniformemente em todos os tratamentos durante a preparação do campo. A restante meia dose de N foi aplicada 30 dias após a plantação. A ureia e o DAP foram utilizados como fonte de N e P, respetivamente. Doses completas de potássio (k_2o) foram aplicadas através do método de bandas no momento da plantação, de acordo com os tratamentos em cada parcela experimental. Tubérculos de batata-semente germinados e saudáveis foram plantados a um espaçamento de 75 x 30 cm em 15th setembro de 2014. A irrigação foi aplicada imediatamente após a plantação e as irrigações subsequentes foram efectuadas de acordo com as necessidades da cultura. Cada parcela foi separada por um espaço de 80 cm para evitar a mistura dos insumos. Todas as outras práticas culturais foram efectuadas uniformemente para todos os tratamentos. Finalmente, o *Ajiba* e o *Zafira* foram colhidos a 25th de dezembro de 2014, enquanto *o Picasso* foi colhido a 15th de janeiro de 2015, a fim de recolher os dados relativos a vários parâmetros quantitativos e qualitativos.

3.6 Estudos realizados e observações registadas

A recolha de dados teve início a 15th de setembro de 2014 com as características de crescimento e terminou a 16th de janeiro de 2015. Foram seleccionadas aleatoriamente quatro plantas das duas linhas centrais de cada parcela para registar observações sobre todos os parâmetros. As observações dos parâmetros de crescimento, como caules aéreos por planta, altura da planta e número de folhas por planta, foram registadas no momento em que a cultura apresentava um crescimento máximo, ou seja, 60 dias após a emergência. As observações sobre o rendimento dos tubérculos e os parâmetros de qualidade foram registadas logo após a colheita.

3.6.1 Número de caules aéreos por planta

O número de caules aéreos produzidos por planta foi recolhido 60 dias após a sementeira em quatro plantas seleccionadas aleatoriamente de cada tratamento. A média por planta foi calculada.

3.6.2 Número de folhas por planta

Sessenta dias após a emergência da cultura, o número de folhas por planta foi registado nas quatro plantas marcadas de cada tratamento e a sua média foi calculada.

3.6.3 Altura da planta (cm)

A altura das plantas das quatro plantas seleccionadas ao acaso foi medida a partir do nível do solo com uma vara de medição aos 60 dias após a emergência e a sua média foi registada.

3.6.4 Dias até ao vencimento

O número de dias desde o momento da plantação até à colheita de cada tratamento foi contado em cada colheita para determinar os dias até à maturidade.

3.6.5 Número de tubérculos por planta

Os tubérculos de quatro plantas seleccionadas aleatoriamente de cada tratamento foram contados no momento da colheita e as suas médias foram calculadas para obter o número de tubérculos por planta para cada um dos tratamentos.

3.6.6 Diâmetro do tubérculo (cm)

Logo após a colheita, o diâmetro dos tubérculos de quatro plantas seleccionadas ao acaso foi medido com um compasso de Vernier e a sua média foi determinada.

3.6.7 Peso do tubérculo (kg/planta)

Aquando da colheita, os tubérculos obtidos de quatro plantas de amostra foram pesados e a sua média foi calculada.

3.6.8 Rendimento (t/ha)

Após a colheita, os tubérculos obtidos nas subparcelas de cada tratamento foram pesados e convertidos em toneladas por hectare através da seguinte fórmula:

Rendimento kg/ha = (rendimento da parcela líquida) / (superfície da parcela líquida) x 10000 = X kg

Rendimento ton/ha = (X kg) / (1000)

3.6.9 Gravidade específica

A gravidade específica foi determinada a partir dos tubérculos crus, adoptando o método do peso no ar/peso na água, tal como prescrito pelo CIP (2006). As amostras de tubérculos de cada tratamento foram colocadas num cesto calibrado, pesadas no ar para obter o peso no ar e depois foram pesadas em água fria da torneira para determinar o peso na água, após o que a gravidade específica foi calculada utilizando a seguinte fórmula

Gravidade específica = (peso no ar) / (peso no ar - peso na água)

Figura 2 Método de pesagem dos tubérculos de batata no ar e na água

3.6.10 Sólidos solúveis totais (^{o} Brix)

Para determinar os sólidos solúveis totais, 10 tubérculos representativos de cada tratamento foram lavados e depois esmagados para obter gotas de sumo. Colocou-se uma gota de sumo na placa do refratómetro e anotou-se a leitura três vezes para confirmar a exatidão das leituras. No final de cada leitura, o refratómetro foi limpo com água destilada e devidamente calibrado.

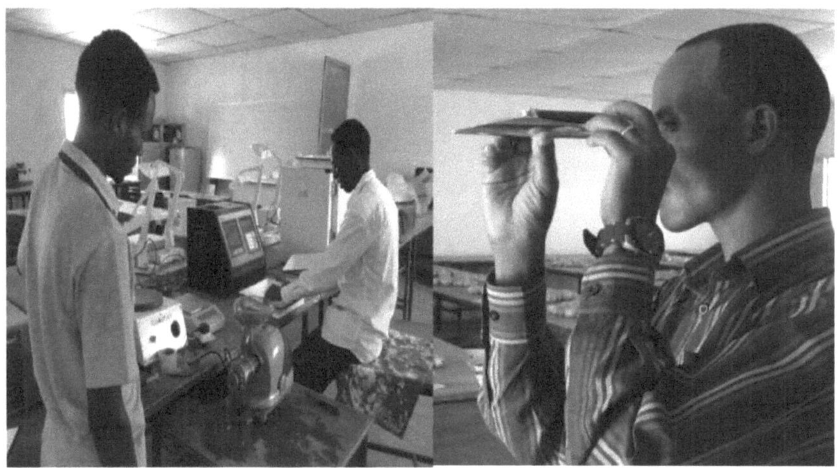

Figura 3 Preparação do sumo de tubérculos de batata e leitura do SST do sumo de batata

3.6.11 Teor de matéria seca dos tubérculos (%)

O teor de matéria seca foi determinado utilizando um método de estufa e balança, tal como prescrito por Kabir e Lemaga (2003) e CIP (2006). Replicas de 10 tubérculos foram cortadas em pedaços de 1-2 cm e misturadas cuidadosamente; duas subamostras de 200 g (peso fresco) cada foram retiradas e colocadas num recipiente de alumínio aberto. A estufa foi regulada a 80°C e, em seguida, as amostras de cada tratamento foram secas durante 72 h até o peso ficar constante. O peso das amostras secas na estufa foi registado e, finalmente, o teor de matéria seca foi calculado e expresso em percentagem.

Matéria seca (%) = (peso seco / peso fresco) x 100

3.6.12 Teor de humidade dos tubérculos (%)

À semelhança da matéria seca, o teor de humidade foi também determinado por um método de estufa e balança, tal como prescrito pelo CIP (2006). Réplicas de 10 tubérculos foram cortadas em pedaços de 1-2 cm e misturadas cuidadosamente; duas subamostras de 200 g (peso fresco) cada foram retiradas e colocadas num recipiente de alumínio aberto. A estufa foi regulada a 80°C e, em seguida, as amostras de cada tratamento foram secas durante 72 horas até o peso ficar constante. O peso das amostras secas na estufa foi registado e depois subtraído do peso fresco dos tubérculos para determinar o teor de humidade dos tubérculos. Finalmente, o teor de humidade foi determinado em percentagem pela fórmula:

Teor de humidade (%) = [(peso fresco - peso seco)/peso fresco] x 100

Figura 4 Corte e secagem em estufa dos tubérculos de batata para determinação da matéria seca e do teor de humidade

3.7 Análise da margem bruta

A análise da margem bruta foi utilizada para calcular a importância económica da produção de tubérculos de batata afetada pelo nível de aplicação de potássio (Kay *et al.*, 2012). Para este efeito, os dados de produção média de tubérculos comercializáveis foram ajustados para baixo em dez por cento para minimizar a variação da gestão das parcelas pelos agricultores (Wassie, 2009). O preço médio de 1q de batata foi considerado como 36 USD. O preço do sulfato de potássio foi estimado em 3 USD/kg com base no custo no momento da compra.

Portanto, para aplicar 100 kg de K2O é necessário ter 200 kg de sulfato de potássio. O custo de transporte da produção de tubérculos de batata na zona de Hamelmalo foi de 0,8 USD/q. A receita bruta foi calculada como a produção média ajustada de tubérculos (q/ha) × preço médio de um quintal da cultura. O custo variável total foi calculado como a soma de todos os custos que são variáveis para um tratamento específico em comparação com o controlo. A margem bruta foi calculada subtraindo o custo variável total da receita bruta (Kay *et al.*, 2012).

3.8 Análise de dados

Os dados obtidos a partir das plantas marcadas de cada parcela, sobre os parâmetros acima estudados, foram submetidos a uma análise estatística através da análise de variância pelo software GENSTAT (4th edn) e pelo pacote estatístico IBM SPSS versão 20 a um nível de significância de 5% (limite de confiança de 95%) para a análise de variância. Os resultados foram depois apresentados sob a forma de texto, tabelas, figuras e fotografias.

CAPÍTULO 4

RESULTADOS E DISCUSSÃO

4.1 Parâmetros de crescimento

O potássio, as variedades e as suas interacções tiveram efeitos significativos em todos os parâmetros de crescimento da batata estudados.

4.1.1 Número de caules aéreos por planta

A influência da aplicação de K nos caules aéreos por planta foi significativa ($p < 0,001$). O número de caules aéreos por planta mostrou um aumento gradual com o aumento dos níveis de potássio até 150 kg K2O/ha. O número máximo de caules por planta (4,17) foi registado nas parcelas tratadas com 150 kg K2O/ha e o número mínimo de caules por planta (3,19) foi obtido no controlo. De acordo com os resultados actuais, Abay e Sheleme (2011) referiram que o número de caules da batata foi influenciado pela aplicação de fertilizante K. Isto pode ser devido ao papel vital do K nas actividades enzimáticas para a utilização de energia, síntese de amido, metabolismo do N e respiração. Essas enzimas são abundantes no tecido meristemático nos pontos de crescimento ou nos olhos do tubérculo em brotação, onde as células estão se dividindo e os tecidos primários são formados (Havlin *et al.*, 2005). Contrariamente às conclusões actuais, Al-Moshileh e Errebi (2004) e Noor (2010) referiram que o tratamento com potássio não teve qualquer efeito significativo no número de caules aéreos por planta.

O efeito varietal no número de caules aéreos por planta também foi altamente significativo ($p < 0,001$). Os dados apresentados na Tabela 4 revelaram que o maior número médio de hastes aéreas por planta (6,23) foi produzido pela variedade *Ajiba*. As diferenças no número de caules aéreos produzidos pelas culturas podem ser influenciadas pela composição genética das plantas (Sajjan *et al.*, 2002). O número de caules por planta é afetado pelo número de olhos por tubérculo-semente utilizado (Iritani, 1983) e, no presente estudo, o número de olhos dos tubérculos-semente utilizados não era uniforme. Os tubérculos-semente de *Ajiba tinham um* número ligeiramente maior de olhos em comparação com as outras duas variedades. Como resultado, produziu um maior número de caules aéreos por planta do que as outras duas.

Quadro 4 Efeito do potássio e das variedades no número de caules aéreos por planta

	Número de caules aéreos por planta			
	Variedades			
K2 Níveis de O (kg)	*Ajiba*	*Zafira*	*Picasso*	Média
0	4.83	2.68	2.05	3.19

75	7.33	2.75	2.06	4.05
150	6.50	3.67	2.33	4.17
225	6.33	3.17	1.96	3.82
300	6.17	2.50	1.83	3.50
Média	6.23	2.95	2.05	
LSD (p=0,05)	K O$_2$ 0.395	Variedades 0.306		K$_2$ O *Variedade 0,684
CV %		10.9		

Com base na interação entre o tratamento potássico e as variedades de batata, verificou-se uma resposta diferencial significativa ($p < 0,001$) das variedades ao K na produção de caules aéreos. *Zafira* e *Picasso* responderam positivamente até a aplicação de 150 kg K2O/ha. Enquanto *a Ajiba* apresentou uma resposta acentuada e positiva na produção do número de caules com o aumento dos níveis de potássio apenas até 75 kg K2O/ha (Figura 5). Isto pode dever-se à variação das variedades de culturas na sua fisiologia, morfologia e hábito de crescimento e, por conseguinte, na sua resposta à aplicação de fertilizantes (Wassie, 2009).

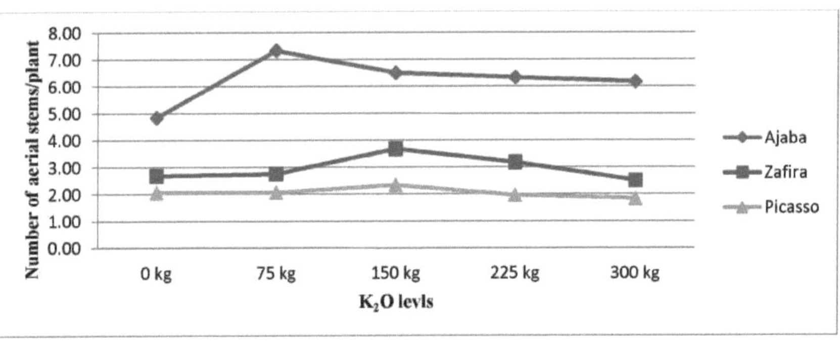

Figura 5 Efeitos da interação entre K e variedades de batata nos caules aéreos por planta

4.1.2 Número de folhas por planta

A aplicação de potássio teve um efeito significativo ($p < 0,001$) no número de folhas produzidas por planta. Os dados mostrados na Tabela 5 indicam que o número de folhas por planta aumentou com o aumento dos níveis de potássio de 0 a 150 kg K2O/ha. O maior número de folhas (57,83) foi obtido com a aplicação de 150 kg K2O/ha, enquanto o controlo deu o valor médio mais baixo (45,08). Isso está de acordo com as descobertas de Noor, (2010) e Pervez *et al.*, (2013) que relataram que as folhas mais altas por planta foram obtidas com a aplicação de 150 kg K2O/ha.

A diferença entre as três variedades no número de folhas por planta foi altamente significativa ($p < 0,001$). *Ajiba* produziu o maior número de folhas por planta (78,13) seguido por *Zafira* (48,83) e

Picasso (35,48). As diferenças nos caracteres de crescimento da batata, como o número de folhas, são influenciadas pela composição genética das variedades (Van der Zaag, 1992). Variedades com maior número de caules tendem a ter maior crescimento vegetativo, levando a um maior número de folhas (Abubaker *et al.*, 2011). No presente estudo, a variedade (*Ajiba*) que produziu mais caules também produziu mais folhas (Quadro 5).

Quadro 5 Efeito do potássio e das variedades no número de folhas por planta

| | Número de folhas por planta | | | |
| | Variedades | | | |
Níveis de K2O (kg)	*Ajiba*	*Zafra*	*Picasso*	Média
0	64.83	38.33	32.08	45.08
75	87.00	53.33	33.00	57.78
150	82.33	52.17	39.00	57.83
225	79.08	50.33	37.00	55.47
300	77.42	50.00	36.33	54.58
Média	78.13	48.83	35.48	
LSD (p=0,05)	K2O 2.56	Variedades 1.98	K_2O *Variedade 4.43	
CV %	4.9			

Quanto aos efeitos de interação, é claramente indicado que as três variedades responderam aos níveis de potássio de forma diferente e mostraram um efeito significativo ($p < 0,001$) no número de folhas por planta. *Picasso* respondeu positivamente até 150 kg K2O/ha. Enquanto que o número de folhas produzidas por *Ajiba* e *Zafira aumentou* até 75 kg K2O/ha. Os valores médios mais elevados (87 e 53,33 folhas por planta) para *Ajiba* e *Zafira*, respetivamente, foram registados quando foram tratadas com 75 kg de K2O/ha. O valor médio mínimo das três variedades foi observado com 0 kg de K2O (controlo).

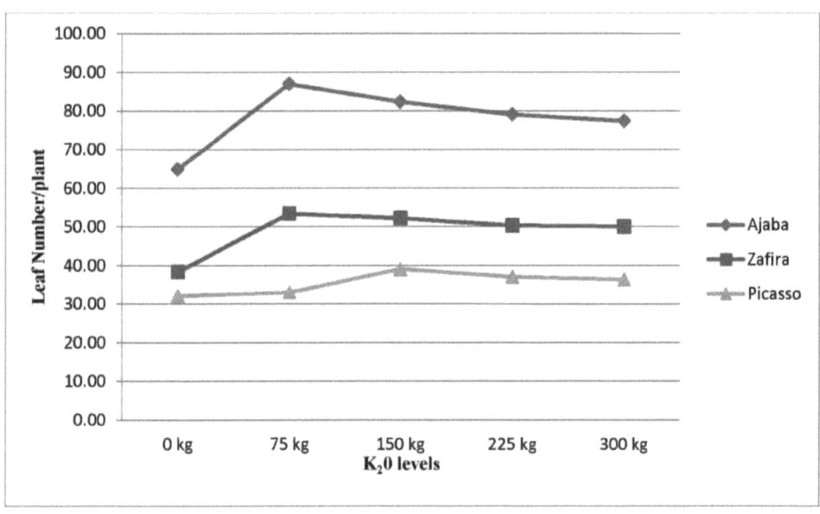

Figura 6 Efeitos de interação do K e das variedades de batata no número de folhas por planta

4.1.3 Altura da planta (cm)

O efeito dos tratamentos com K na altura da planta foi estatisticamente significativo ($p < 0,001$). A altura da planta aumentou com a aplicação de 150 kg/ha de K (40,36 cm). A aplicação de 300 kg de K2O/ha produziu (34,47 cm) menos do que o controlo. Noor (2010) observou anteriormente que o K2O aumentava a absorção de N pelas plantas quando aplicado na faixa de 100-150 kg K2O/ha, resultando em altura máxima da planta. O autor acrescentou que a altura das plantas se tornou estática e diminuiu gradualmente à medida que o nível de K2O aumentou para além de 150 kg/ha. Em contradição com os resultados actuais, Asmaa e Magda (2010) verificaram que os parâmetros de crescimento vegetativo, como a altura das plantas, aumentaram gradual e significativamente com o aumento do nível de aplicação de potássio até 285 kg K2O/ha.

As diferentes variedades de batata apresentaram diferenças significativas ($p < 0,001$) nas suas respostas à altura das plantas. Verificou-se que a *Ajiba* tem a maior altura de planta (42,15 cm) em relação ao resto das variedades estudadas e a menor (32,48 cm) foi obtida da *Picasso* (Tabela 6). Isto pode ser atribuído à diferença no seu carácter de crescimento, que está a ser influenciado pela composição genética da cultura (Enujeke, 2013).

Quadro 6 Efeito do potássio e das variedades na altura das plantas (cm)

	Altura da planta (cm)			
	Variedades			
K₂ Níveis de O (kg)	*Ajiba*	*Zafira*	*Picasso*	**Média**

0	40.33	35.08	29.42	34.94
75	45.00	36.33	33.33	38.22
150	43.75	43.33	34.00	40.36
225	42.08	33.67	33.00	36.25
300	39.58	31.17	32.67	34.47
Média	42.15	35.92	32.48	
LSD (p=0,05)	$K O_2$ 2.42	Variedades 1.88		$K_2 O$ *Variedade 4.2
CV %		6.8		

O efeito de interação do K e das variedades na altura das plantas foi significativo. As três variedades mostraram uma resposta diferencial à aplicação de potássio, em que *Zafira* e *Picasso* deram a maior altura de planta de 43,33 e 34 cm, respetivamente, quando foram tratadas com 150 kg K2O/ha. *Ajiba* respondeu melhor com 75 kg de K2O/ha e deu 45 cm (Figura 7). (2009), que estudaram o efeito do fertilizante e da variedade no rendimento da batata-doce, relataram que a interação entre a variedade e os fertilizantes afectou significativamente a altura das plantas. Isso pode ser devido à diferença entre as variedades na sua taxa de crescimento, espécies ou cultivares com alta taxa de crescimento respondem à aplicação de fertilizantes mais favoravelmente do que aqueles com baixa taxa de crescimento (Mengel, 1983).

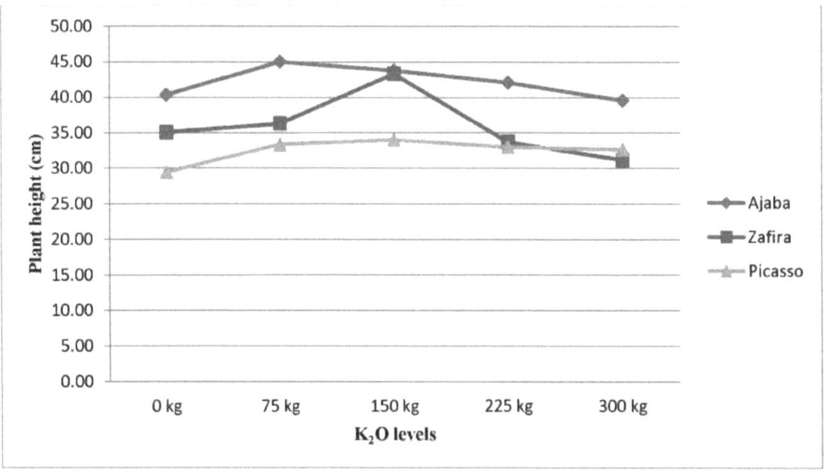

Figura 7 Efeitos de interação do K e das variedades de batata na altura das plantas (cm)

4.1.4 Dias até ao vencimento

Com base nos tratamentos com K, verificou-se que os dias até à maturidade da cultura da batata apresentam diferenças significativas ($p < 0,001$). A Tabela 2 indica que o aumento da aplicação de K atrasa a maturação e o máximo (105,89 dias) foi registado nas parcelas tratadas com 300 kg K2O/ha. Os níveis de certos nutrientes como o potássio afectam não só o rendimento, mas também a maturidade e a qualidade da cultura (Peirce, 1987). O potássio tem um papel significativo na capacidade de absorção de nutrientes das culturas, especialmente o N (Noor, 2010). O nível mais elevado de N na cultura favorece o crescimento vegetativo dos rebentos, atrasa o início do processo de armazenamento e diminui a taxa de crescimento e a acumulação de fotossintatos no órgão de armazenamento da batata (Gunasena e Harris, 1971). No entanto, Abay e Sheleme (2011) relataram que a aplicação de fertilização potássica não afetou a floração e a maturidade fisiológica da batata.

O número de dias necessários para a maturação apresentou uma variação significativa ($p < 0,001$) entre as variedades. Os dados apresentados no Quadro 7 revelam que *a Zafira foi* considerada precoce e *a Picasso* tardia na maturação, com valores médios de 92,07 e 117,33 dias, respetivamente. Isto pode dever-se ao facto de as características das plantas, como a maturidade, o número de caules principais e de tubérculos por planta, o tamanho e a forma dos tubérculos da cultura da batata, serem influenciadas principalmente pela variedade (Van der Zaag, 1992).

Quadro 7 Efeito do potássio e das variedades no número de dias até à maturação

| | Número de dias até ao vencimento | | | |
| | Variedades | | | |
K₂ Níveis de O (kg)	Ajiba	Zafira	Picasso	Média
0	93.67	90.67	114.33	99.56
75	93.67	92.00	115.00	100.22
150	94.33	92.00	116.00	100.78
225	95.33	92.00	119.00	102.11
300	101.67	93.67	122.33	105.89
Média	95.73	92.07	117.33	
LSD (p=0,05)	K O₂ 1.73	Variedades 1.34		K₂ O *Variedade 3.007
CV %		1.8		

Com base na interação dos tratamentos, verificou-se que os dias até à maturação apresentavam uma diferença significativa. Todas as variedades estudadas apresentaram uma resposta positiva à aplicação de potássio. A maturidade das variedades foi gradualmente atrasada com o aumento dos níveis de potássio. A figura 8 mostra que os dias máximos para a maturação das três variedades (122,33, 101,67 e 93,67 dias) foram registados em *Picasso*, *Ajiba* e *Zafira*, respetivamente, quando foram tratadas com 300 kg K2O/ha. Do mesmo modo, três delas registaram valores médios mínimos em relação ao controlo. Isto é atribuído à diferença de cultivar ou estirpes nas suas necessidades nutricionais, uma vez que a sua eficiência de utilização nutricional mineral é diferente e está sob controlo genético (Marschner, 1995).

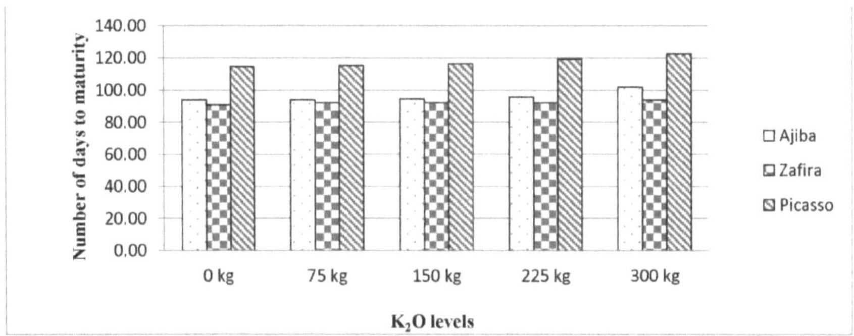

Figura 8 Efeitos de interação do K e das variedades de batata nos dias até à maturação

4.2 Rendimento e componentes do rendimento

Todos os rendimentos e componentes de rendimento estudados na presente investigação foram significativamente influenciados pelos níveis aplicados de potássio e variedades. No entanto, apenas o número de tubérculos por planta foi significativamente afetado pelos tratamentos de interação de potássio e variedades.

4.2.1 Número de tubérculos por planta

O número de tubérculos por planta apresentou um aumento gradual e significativo ($p < 0,001$) com o aumento dos níveis de potássio (Tabela 8). O maior número de tubérculos por planta (9,08) foi produzido com a aplicação de 300 kg K2O/ha, enquanto o menor (6,92) foi obtido no controle. Em um estudo semelhante, Adhikary e Karki (2006) e Wibowo *et al.* (2014) descobriram que a adição de fertilizante K2SO4 aumentou o número de tubérculos produzidos. Isto pode dever-se ao papel significativo do potássio na fotossíntese, favorecendo um elevado nível de energia, o que ajuda a cultura a translocar nutrientes de forma atempada e adequada e a absorver água pelas raízes. Isto resulta na disponibilidade de mais fotossintatos para produzir um maior número de tubérculos por planta (Bergmann, 1992).

Quadro 8 Efeito do potássio e das variedades no número de tubérculos por planta

	Número de tubérculos por planta			
	Variedades			
Níveis de K2O (kg)	*Ajiba*	*Zafra*	*Picasso*	**Média**

0	9.22	7.76	3.78	6.92
75	11.78	8.01	4.28	8.02
150	12.14	8.13	4.83	8.37
225	11.36	8.42	5.33	8.37
300	11.06	10.57	5.61	9.08
Média	11.11	8.58	4.77	
LSD (p=0,05)	K2O 0.876	Variedades 0.678		K_2 O *Variedade 1.516
CV %	11.1			

Houve também uma diferença significativa ($p < 0,001$) entre as variedades de batata na sua produção de tubérculos por planta. O maior número de tubérculos por planta (11,11) foi produzido por *Ajiba*, seguido por *Zafira* (8,58). Isto é atribuído à existência de diferenças entre genótipos na sua adaptabilidade ao ambiente específico e à eficiência da utilização de nutrientes (Wassie, 2009). Do mesmo modo, Vaezzadeh e

Naderidarbaghshahi (2012) referiu que o número de tubérculos por haste principal também é influenciado pela variedade.

O efeito da interação entre o nível de potássio e as variedades de batata no número de tubérculos por planta foi estatisticamente significativo. *Ajiba* respondeu mais ao K até 150 kg K2O/ha, enquanto *Zafira* mostrou um aumento lento na faixa de 0 a 225 kg K2O/ha, mas mostrou maior resposta à medida que o nível de K aumentou além de 225 kg K2O/ha. *O Picasso*, por outro lado, apresentou uma resposta constante e o número de tubérculos produzidos aumentou gradualmente com cada aumento dos níveis de K (Quadro 9). Tanto *a Zafira* como a *Picasso* produziram o maior número de tubérculos, 10,57 e 5,61, respetivamente, quando foram tratadas com 300 kg K2O/ha. Todas as variedades produziram o seu número mínimo de tubérculos por planta com aplicação zero (controlo). O resultado revela que a aplicação de mais de 150 kg de K2O/ha para *Ajiba* pode ser uma dose excessiva que causou redução na produção de tubérculos, enquanto é muito baixa para *Zafira* e *Picasso*, pois a necessidade de potássio da variedade de batata varia (Rana, 2008). Resultados semelhantes foram registados por Ali *et al.,* (2009) para a variedade de batata-doce.

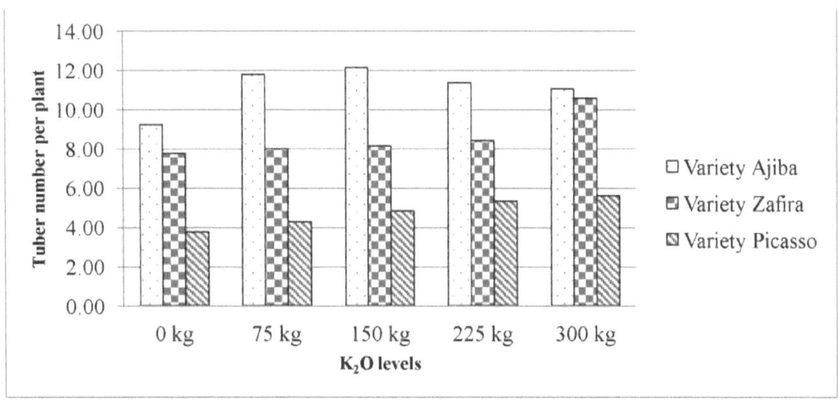

Figura 9 Efeitos de interação do K e das variedades de batata no número de tubérculos por planta

4.2.2 Diâmetro do tubérculo (cm)

Os resultados apresentados na Tabela 9 revelaram que o nível de K aumentou significativamente o diâmetro dos tubérculos ($p < 0,001$). O maior valor médio (5,34 cm) foi obtido com a aplicação de 225 kg K2O/ha e o menor diâmetro de tubérculo (4,77 cm) foi registado no controlo. As necessidades de potássio das batatas aumentam com o aumento do tamanho dos tubérculos, uma vez que as funções do K estão relacionadas com a translocação de hidratos de carbono das folhas para os tubérculos, o que resulta num aumento do tamanho dos tubérculos (Adhikary e Karki, 2006). O facto de o campo experimental ser pobre em teor de K levou a uma melhor resposta da cultura ao tratamento com potássio (quadro 1). Este facto está de acordo com as conclusões de Bansal e Trehan (2011). Os autores concluíram que a aplicação de potássio aumenta o tamanho dos tubérculos, especialmente em tipos de solo baixos a médios. Tindall e Westermann (1994) também observaram que a insuficiência de K pode resultar em rendimentos reduzidos e produzir tubérculos de menor tamanho.

As variedades tiveram variações significativas ($p < 0,001$) no que respeita à sua resposta. A variedade *Picasso*, que produziu tubérculos de maior tamanho (5,31 cm), foi considerada superior às outras variedades. A Tabela 9 indica que *Ajiba*, que teve o maior número de tubérculos, produziu o menor tamanho de tubérculo (4,84 cm). Da mesma forma, Abong *et al.*, (2010) descobriram que o diâmetro do tubérculo variou significativamente entre as cultivares de batata. Isso pode ser devido às características genéticas peculiares das variedades: *Ajiba*, *Zafira* e *Picasso* produzem tubérculos grandes, grandes ovais a ovais longos, e muito grandes a grandes com olhos vermelhos, respetivamente NIVAP (2011). No entanto, as variedades não mostraram qualquer diferença significativa na resposta ao K no diâmetro dos tubérculos.

Quadro 9 Efeito do potássio e das variedades no diâmetro dos tubérculos (cm)

Níveis de K2O (kg)	Diâmetro do tubérculo (cm)			
	Variedades			
	Ajiba	Zafra	Picasso	Média
0	4.54	4.89	4.87	4.77
75	4.57	5.04	5.35	4.99
150	4.85	5.07	5.36	5.09
225	5.31	5.33	5.39	5.34
300	4.97	4.93	5.59	5.16
Média	4.848	5.052	5.312	
LSD (p=0,05)	K2O 0.214	Variedades 0.166		K_2O *Variedade NS
CV %	4.4			

4.2.3 Peso do tubérculo (kg/planta)

O aumento da aplicação de K de 0 a 300 kg/ha aumentou significativamente o peso do tubérculo por planta (p<0,001). Os valores médios máximos e mínimos de 0,91 e 0,54 kg por planta foram produzidos com a aplicação de 300 kg de K2O/ha e com o controlo, respetivamente. Isto deve-se ao facto de uma maior aplicação de K facilitar à cultura uma melhor absorção de nutrientes e água, o que melhora o crescimento e o desenvolvimento da cultura e, em última análise, o peso dos tubérculos. Bergmann, (1992) e Adhikary e Karki (2006) encontraram uma resposta acentuada da batata à aplicação de K2O no peso dos tubérculos.

O quadro 10 ilustra ainda que o peso do tubérculo por planta foi significativamente (p<0,001) influenciado pelo tratamento varietal. *Ajiba* foi superior das três variedades avaliadas, seguida de *Zafira*. (2011) registaram diferenças significativas entre variedades no seu rendimento sazonal e na produção de tubérculos por planta. Tal variação é atribuída ao facto de a utilização de nutrientes da batata variar entre cultivares e diferentes condições ambientais (Peirce, 1987).

Quadro 10 Efeito do potássio e das variedades no peso dos tubérculos (kg/planta)

K2 Níveis de O (kg)	Peso dos tubérculos por planta (kg)			
	Variedades			
	Ajiba	Zafira	Picasso	Média
0	0.70	0.61	0.31	0.54
75	0.88	0.65	0.32	0.62
150	0.85	0.80	0.42	0.69
225	0.92	0.92	0.50	0.78

300	1.14	1.01	0.59	0.91
Média	0.90	0.80	0.43	
LSD (p=0,05)	K2O 0.127	Variedade 0,098		K_2 O *Variedade NS
CV %	18.6			

No entanto, todas as variedades apresentaram um aumento constante do peso dos tubérculos com o aumento dos níveis de K (Figura 10). Registou-se uma ligeira diminuição do peso dos tubérculos a 150 kg de K2O/ha para a *Ajiba*, em resultado da ocorrência súbita de uma praga tardia específica do local alguns dias antes da maturidade da cultura.

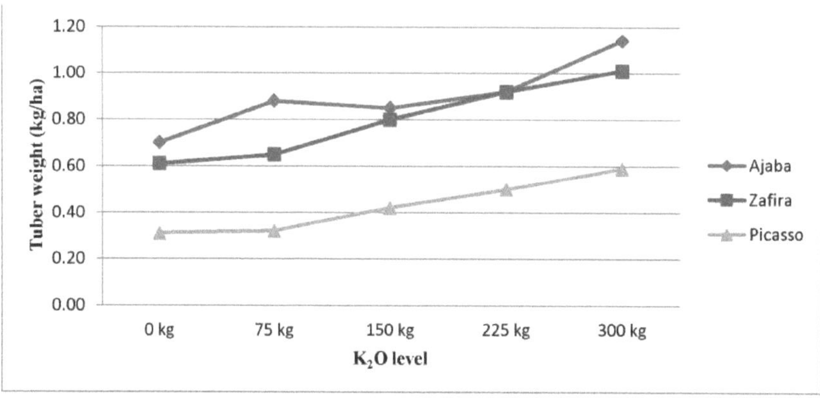

Figura 10 Efeitos de interação do K e das variedades de batata no peso dos tubérculos (kg/planta)

4.2.4 Rendimento total (t/ha)

Os resultados na Tabela 11 revelaram que a produção de tubérculos de batata aumentou com o aumento dos níveis de potássio e teve diferenças significativas ($p < 0,001$) para todas as variedades. O maior rendimento de tubérculos (40,25 t/ha), que representa uma vantagem de 39,20% sobre o controlo, foi obtido com a aplicação de 300 kg K2O/ha. Consistente com os resultados actuais, Abd El-Latif *et al.,* (2011) relataram um aumento gradual e significativo do rendimento total de tubérculos como resultado do aumento do nível de K. O rendimento mais elevado foi obtido com a aplicação de 285 kg de K2O/ha, acrescentaram os autores. Este facto é atribuído à importância do K na formação e transformação de hidratos de carbono (Van der zaag, 1981). As respostas positivas da batata à aplicação de K também indicam que o solo do campo experimental era pobre em teor de K (Quadro 1). Além disso, de acordo com Wassie (2009), foi registado um aumento apreciável do rendimento em resposta à aplicação de fertilizantes com K, especialmente em solos com um nível de K muito baixo ou abaixo do nível crítico.

As variedades investigadas também apresentaram diferenças significativas ($p < 0,001$) (Quadro 11). *Ajiba* produziu o maior rendimento de tubérculos com 8,67% e 52,09% de vantagem sobre *Zafira* e *Picasso*, respetivamente. Estas grandes diferenças de rendimento observadas entre as variedades podem ser atribuídas a diferenças na sua adaptação às condições ambientais específicas e à capacidade de produção (Abubaker *et al.*, 2011 e Wassie, 2009). Verificou-se que a variedade *Ajiba*, que tinha mais caules (quadro 4), produzia mais rendimentos do que as outras variedades que tinham menos caules. Isto está em harmonia com os resultados de Van der Zaag, (1992) que concluiu que o número de caules principais pode afetar o rendimento e, o que é ainda mais importante, a classificação por tamanho. Contrariando os resultados actuais, Vaezzadeh e Naderidarbaghshahi (2012) observaram que o efeito da cultivar na produção de tubérculos por unidade de área não era significativo.

A interação entre potássio e variedade não teve qualquer influência significativa no rendimento total da batata, embora tenha havido uma tendência de aumento entre os tratamentos. No entanto, Wassie (2009) relatou que as variedades de batata apresentaram diferenças significativas na resposta à aplicação de K.

Figura 11 Placa 1 = *Ajiba*, placa 2 = *Zafira* e placa 3 = *Picasso*)

Quadro 11 Efeito do potássio e das variedades na produção de tubérculos (t/ha)

Níveis de K2o (kg)	Rendimento (t/ha)			
	Variedades			
	Ajiba	**Zafira**	**Picasso**	**Média**
0	30.99	28.59	13.82	24.47
75	39.21	32.95	14.40	28.85
150	37.83	34.09	18.75	30.22
225	41.53	40.85	22.17	34.85
300	49.38	45.20	26.17	40.25

Média	39.79	36.34	19.06	
LSD (p=0,05)	K O_2 3.463	Variedades 2.683		K_2 O *Variedade NS
CV %		11.3		

4.3 Parâmetros de qualidade

No presente estudo, a variedade e a aplicação de K tiveram um efeito significativo em todos os aspectos da qualidade dos tubérculos de batata estudados. No entanto, os tratamentos de interação de K por variedade tiveram uma influência significativa na percentagem de SST, matéria seca e humidade, sem qualquer influência na gravidade específica.

4.3.1 Sólidos solúveis totais (º Brix)

Os tratamentos com níveis de K apresentaram diferenças significativas ($p < 0,001$) no nível de SST das variedades. O nível de SST tende a diminuir com o aumento das doses de potássio (Tabela 3). O SST mais elevado (5,58º Brix) foi obtido no controlo. O TSS mínimo (5,00º Brix) foi registado nas parcelas tratadas com 300 kg K2O/ha. A aplicação de K tem um potencial para diminuir o teor de açúcar redutor dos tubérculos de batata, activando a síntese de amido (Marschner, 1995). O resultado está de acordo com a descoberta de Pervez *et al.* (2013) onde o nível de TSS foi significativamente afetado pela aplicação de K. No entanto, Abd El-Latif *et al.,* (2011) relataram que a aplicação de fertilizantes K não teve qualquer efeito significativo no nível de TSS dos tubérculos.

Quadro 12 Efeito do potássio e das variedades no SST (º Brix)

	Sólidos solúveis totais (º Brix)			
	Variedades			
K_2 Níveis de O (kg)	*Ajiba*	*Zafira*	*Picasso*	**Média**
0	6.40	5.03	5.30	5.58
75	5.50	5.13	5.23	5.29
150	5.30	6.00	5.20	5.50
225	5.00	5.93	5.10	5.34
300	5.00	5.00	5.00	5.00
Média	5.44	5.42	5.17	
LSD (p=0,05)	K O_2 0.183	Variedades 0.141	K_2 O *Variedade 0.316	
CV %		3.5		

Também houve diferenças significativas ($p < 0,001$) no nível de SST entre as variedades (Tabela 12). O mais alto (5,44º Brix) foi registado em *Ajiba* seguido de *Zafira*. Isto pode dever-se às diferenças de características herdadas entre as variedades utilizadas. Isto é totalmente apoiado por Baloch em (2010), que relatou que as variedades de batata diferem marcadamente em vários caracteres da planta, incluindo o conteúdo de TSS. Da mesma forma, as características de qualidade dos tubérculos de batata são regidas tanto pela variedade de batata como pelas condições em que é cultivada (Van der Zaag, 1992).

Os efeitos de interação de K por variedade foram significativos (p<0,001) para TSS. O nível de SST diminuiu para a *Ajiba* com o aumento da aplicação de K2O, enquanto aumentou para a *Zafira* com o aumento da dose de 0 a 150 K2O, além do qual começa a diminuir. Por outro lado, *o Picasso* mostrou uma resposta muito baixa de SST à aplicação de K2O. Consequentemente, o SST mais elevado (6,40° Brix) foi produzido pelo *Ajiba* no controlo (Figura 12). Anteriormente, foi relatado por Havlin *et al.,* (2005) que a resposta das variedades ou híbridos de culturas à produção e à qualidade varia consoante os factores de produção utilizados.

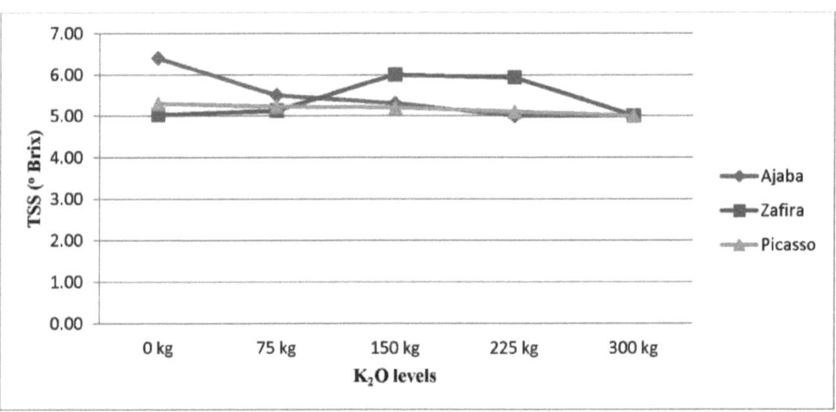

Figura 12 Efeitos de interação do K e das variedades de batata no SST (° Brix)

4.3.2 Gravidade específica

A aplicação de potássio teve um efeito significativo (p<0,001) na gravidade específica dos tubérculos de batata. Como é mostrado na Tabela 13, a gravidade específica aumentou com o aumento dos níveis de K de 0-150 kg K2O/ha. A aplicação de 150 kg de K2O/ha produziu a maior gravidade específica (1,11). O aumento da aplicação de K acima deste nível diminuiu a gravidade específica. Em concordância com esta descoberta, Berger, *et al.,* (1961) relataram que a fertilização com K geralmente reduz a gravidade específica se aplicada em excesso. A gravidade específica está intimamente relacionada com o teor de amido do tubérculo ou com os sólidos totais e, por conseguinte, com o teor de matéria seca dos tubérculos (Dampney, *et al.,* 2011). A aplicação de potássio tem o potencial de diminuir o teor de açúcar redutor dos tubérculos de batata, activando a síntese de amido (Marschner, 1995), que tem tendência para aumentar a gravidade específica dos tubérculos. No entanto, Noor (2010) relatou que a aplicação de K não teve um efeito significativo na gravidade específica.

Com base no efeito varietal, verificou-se que a gravidade específica apresenta diferenças significativas (p<0,001) entre as variedades avaliadas (Quadro 13). A gravidade específica mais elevada (1,12) foi registada na *Picasso*. *A Zafira* produziu o valor médio mais baixo (1,05). Num estudo semelhante, Abong *et al.* (2010) descobriram que a gravidade específica e o conteúdo de matéria seca tinham diferenças significativas entre as variedades de batata.

Quadro 13 Efeito do potássio e das variedades na gravidade específica

	Gravidade específica			
	Variedades			
K$_2$ Níveis de O (kg)	***Ajiba***	***Zafira***	***Picasso***	**Média**
0	1.04	1.03	1.08	1.05
75	1.07	1.04	1.09	1.07
150	1.10	1.08	1.15	1.11
225	1.10	1.06	1.14	1.10
300	1.09	1.05	1.13	1.09
Média	1.08	1.05	1.12	
LSD (p=0,05)	K O$_2$ 0.027	Variedades 0.021		K$_2$ O *Variedade NS
CV %	2.6			

A interação de K e variedades não teve influência significativa na gravidade específica. Todas as variedades avaliadas responderam à aplicação de K de forma semelhante e a gravidade específica dos seus tubérculos aumentou com o aumento da aplicação de K apenas na gama de 0-150 K2O kg/ha (Figura 13). A gravidade específica máxima e mínima destas variedades foi registada a 150 K2O kg/ha e no controlo, respetivamente. Isto implica que a aplicação de 150 K2O kg/ha foi óptima para uma maior gravidade específica. No entanto, Havlin *et al.* (2005) referiram que, num determinado ambiente, uma variedade pode ter uma maior resposta aos nutrientes aplicados do que a outra.

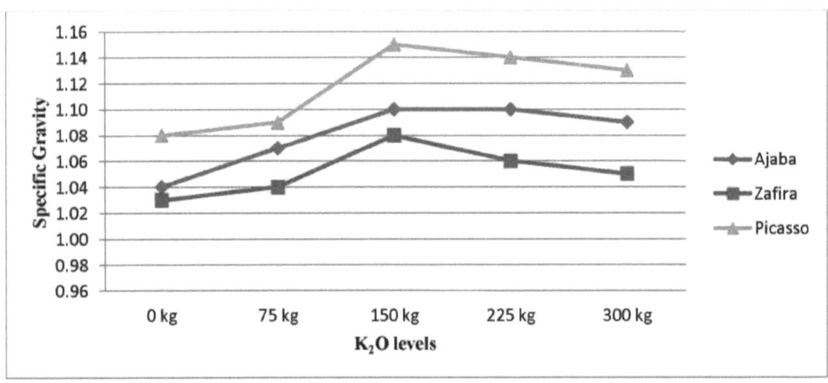

Figura 13 Efeitos de interação do K e das variedades de batata na gravidade específica

4.3.3 Teor de matéria seca dos tubérculos (%)

O teor de matéria seca dos tubérculos aumentou significativamente com o aumento da aplicação de K (Tabela 14). O maior teor de matéria seca (17,95 %) foi obtido com a aplicação de 150 kg de K2O/ha, enquanto o menor teor de matéria seca (16,17 %) foi obtido com a aplicação de 300 kg de K2O/ha. O potássio tem um papel vital na absorção de água e minerais que pode afetar o tipo de crescimento, mas também tem um efeito direto na matéria seca dos tubérculos. O potássio, quando administrado em grandes quantidades, tende a reduzir o teor de matéria seca, sendo este facto mais acentuado em solos leves do que em solos pesados (Van der Zaag, 1992). O autor acrescentou que as batatas que devem ter um elevado teor de matéria seca devem receber uma quantidade consideravelmente menor de potássio. A redução do teor de matéria seca só se verifica quando são aplicadas doses elevadas de potássio (Panique *et al.*, 1997). Em solos deficientes em potássio, a percentagem de matéria seca aumenta com o aumento das doses de K, mas geralmente apenas até à taxa necessária para um rendimento ótimo (McNabnay *et al.*, 1999). Diferente da presente descoberta, Wibowo *et al* (2014) relataram que o tratamento com potássio não teve influência significativa no teor de matéria seca dos tubérculos de batata.

Com base no tratamento varietal, o teor de matéria seca dos tubérculos apresentou diferenças significativas entre as variedades. O quadro 14 revela que a variedade *Ajiba* foi considerada superior às outras variedades avaliadas. Produziu um teor máximo de matéria seca dos tubérculos (17,60%), seguida da variedade *Picasso* (17,34%), enquanto a variedade *Zafira* produziu o teor mais baixo (16,70%). Isto deve-se ao facto de as diferentes variedades de batata diferirem no seu conteúdo bioquímico dos tubérculos. Em consonância com este NIVAP, (2011) descreveu que *Ajiba* é uma variedade de alto rendimento; tem alto a bom teor de matéria seca. *Zafira* é também uma variedade de alto rendimento com baixo teor de matéria seca. *A Picasso* é uma variedade de rendimento muito elevado, que produz tubérculos com baixa percentagem de matéria seca e é adequada para consumo fresco. Também foi relatado que existe uma suposição de que o efeito varietal no teor de matéria seca dos tubérculos funciona principalmente através da maturidade, tipo de crescimento e absorção de água e minerais das variedades (Van der Zaag, 1992).

Quadro 14 Efeito do potássio e das variedades no teor de matéria seca dos tubérculos (%)

	Teor de matéria seca dos tubérculos (%)			
	Variedades			
K_2 Níveis de O (kg)	*Ajiba*	*Zafira*	*Picasso*	Média
0	17.74	16.86	16.26	16.95
75	18.82	16.92	16.79	17.51
150	18.99	17.16	17.70	17.95
225	16.96	16.84	18.65	17.48
300	15.49	15.70	17.31	16.17
Média	17.60	16.70	17.34	
LSD (p=0,05)	K2O 0.866	Variedades 0.67		K_2 O *Variedade 1.5
CV %	5.2			

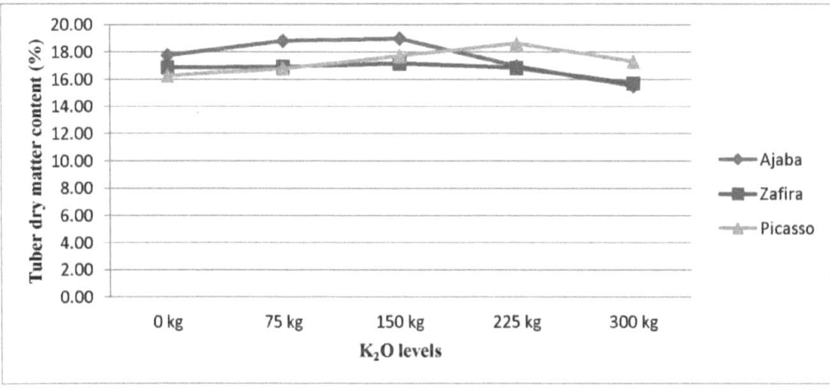

Figura 14 Efeitos de interação do K e das variedades de batata na matéria seca dos tubérculos (%)

Os tratamentos de interação de K e variedades de batata tiveram um efeito significativo no teor de matéria seca dos tubérculos. Isto implica que houve respostas diferenciais significativas entre as variedades à aplicação de K no seu conteúdo de matéria seca dos tubérculos (Figura 13). *A variedade Picasso* apresentou uma resposta positiva e acentuada ao aumento da aplicação de k2o de 0 a 225 kg/ha. O teor de matéria seca dos tubérculos da *Zafira* aumenta com diferenças muito estreitas à medida que a dose de K2O aumenta de 0 para 150 kg. *Ajiba* apresentou melhor resposta do que *Zafira* e seu conteúdo de matéria seca de tubérculo aumentou à medida que o nível de K2O aumentou de 0 a 150 kg/ha.

Os teores máximo e mínimo de matéria seca dos tubérculos (18,99 e 15,49 %) foram registados no *Ajiba* tratado com 150 e 300 kg K2O/ha, respetivamente.

4.3.4 Teor de humidade dos tubérculos (%)

Estatisticamente, verificou-se que o tratamento com K tem um efeito significativo no teor de humidade dos tubérculos. O teor de humidade dos tubérculos aumentou no intervalo de 150-300 kg K2O/ha. O teor máximo de humidade dos tubérculos (83,83 %) foi obtido com a aplicação de 300 kg K2O/ha. O potássio desempenha um papel vital na eficiência da utilização da água nas culturas, mantendo a turgescência das células vegetais e a quantidade de água nas células vegetais, de modo a aumentar a quantidade de água nos órgãos vegetais, como os tubérculos (Abd El-Latif *et al.*, 2011). O resultado da presente experiência é apoiado pelas conclusões de

(Bergmann, 1992) que relatou que com a aplicação de K, o conteúdo de água do volume plasmático foi influenciado aumentando o conteúdo de água dos tecidos de armazenamento e reduzindo o conteúdo de matéria seca.

Quadro 15 Efeito do potássio e das variedades no teor de humidade dos tubérculos (%)

	Humidade dos tubérculos %.			
	Variedades			
Níveis de K2O (kg)	*Ajiba*	*Zafra*	*Picasso*	Média
0	82.26	83.14	83.74	83.05
75	81.18	83.08	83.21	82.49
150	81.01	82.84	82.30	82.05
225	83.04	83.16	81.35	82.52
300	84.51	84.30	82.69	83.83
Média	82.40	83.30	82.66	
LSD (p=0,05)	K O$_2$ 0.866	Variedades 0.67	1	K$_2$O *Variedade 1.5
CV %	1.1			

Com base nos tratamentos varietais, estatisticamente o teor de humidade dos tubérculos apresentou diferenças significativas (Quadro 15). *Ajiba* apresentou um baixo teor de humidade (82,40%), enquanto *Zafira* (83,30%). Isto indica que as variedades que produzem um teor de matéria seca mais elevado terão um teor de humidade mais baixo, o que pode ser atribuído às características genéticas peculiares das variedades de culturas (NIVAP, 2011).

A interação entre o K e as variedades teve uma influência significativa no teor de humidade dos tubérculos de batata. As variedades tiveram uma grande variação nas suas respostas aos níveis de K. *A Picasso* mostrou uma diminuição do teor de humidade à medida que o nível de K aumentou de 0-225 kg/ha, após o que começou a aumentar (Figura 15). Por outro lado, *Ajiba* e *Zafira* mostraram uma redução no teor de humidade até ao nível de 150 kg K2O/ha e depois aumentaram à medida que o nível aumentou. Isto pode ser atribuído à composição genética das variedades, em que uma variedade pode ter maior ou menor resposta aos nutrientes aplicados do que a outra (Havlin *et al.*, 2005).

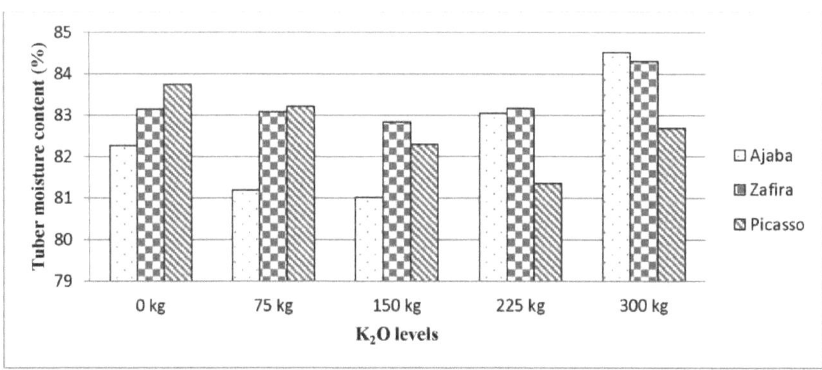

Figura 15 Efeitos de interação do K e das variedades de batata no teor de humidade dos tubérculos (%)

4.4 Matriz de correlação entre a aplicação de potássio, o crescimento, a produção e os parâmetros de qualidade dos tubérculos de batata

Como se pode ver no quadro 16, a análise de correlação mostrou que a aplicação de K tinha uma correlação positiva e significativa (0,462**) com a produção total de tubérculos. Isto deve-se à importância do K na formação e transformação de hidratos de carbono e no movimento do amido das folhas da batata para os tubérculos (Van der zaag, 1981). Mas não se verificou qualquer correlação positiva ou negativa com os parâmetros de qualidade dos tubérculos. No entanto, Bansal e Trehan (2010) relataram que, se houver uma resposta de rendimento à aplicação de potássio, o uso de K pode aumentar a matéria seca do tubérculo e isso é mais pronunciado se o SOP for usado. O quadro 16 revelou que a matéria seca dos tubérculos e a gravidade específica não tinham qualquer correlação. Pelo contrário, Kabir e Lemaga (2003) referiram que a percentagem de matéria seca e a gravidade específica são dois meios alternativos de estimar o teor de sólidos dos tubérculos e estão altamente

47

correlacionados. No entanto, verificou-se que existe uma correlação negativa e forte com o teor de humidade dos tubérculos (r = -1,000**). Isto está em harmonia com Bergmann, (1992) que relatou que, com a aplicação de potássio, o conteúdo de água do volume plasmático foi influenciado, afectando assim o conteúdo de água dos tecidos carnudos de armazenamento dos tubérculos de batata e reduzindo o conteúdo de matéria seca. A gravidade específica dos tubérculos e o K estavam positivamente correlacionados (r = -0,362*), enquanto o SST e a aplicação de K estavam negativamente correlacionados (r = -0,325*). Isto pode dever-se ao papel potencial do K na diminuição do teor de açúcar redutor dos tubérculos de batata através da ativação da síntese de amido (Marschner, 1995).

A tabela de análise de correlação também mostrou que o número de caules aéreos por planta teve correlações positivas e significativas com a altura da planta (r = 0,803**), o número de folhas por planta (r = 0,958**), o número de tubérculos por planta (r = 0,817**), o peso dos tubérculos por planta (r = 0,620**) e a produção total de tubérculos (r = 0,626**). Estas correlações positivas indicam que, à medida que o número de caules produzidos por planta aumenta, a planta fica coberta pelo solo mais cedo e depois fica mais alta para receber mais luz solar. As plantas mais altas terão também uma maior produção de folhas por planta, o que favorece uma maior produção de fotossintatos. Uma maior produção de fotossintatos favorece também a produção de tubérculos de maior tamanho (peso) por planta e, consequentemente, uma maior produção total de tubérculos. Esta associação indica que um aumento dos fotossintatos nas folhas em resposta à fertilização potássica contribuiu substancialmente para o aumento da produção e da produtividade da batata, que pode ser através da produção de mais assimilados. Isto é apoiado pelas conclusões de Abubaker *et al.,* (2011) que descobriram que as variedades com mais número de caules tendem a ter mais crescimento vegetativo, levando a um maior número de folhas que produzem mais fotossintatos, resultando num maior rendimento. Contradizendo a constatação atual, Iritani *et al.* (1983) referiram que um maior número de caules por planta provoca uma redução do rendimento, através do aumento do número de tubérculos de tamanho pequeno. No entanto, o número de caules aéreos mostrou uma correlação negativa e significativa com os dias até à maturação (r =-0,527**), o que implica que, à medida que a planta produz um maior número de caules aéreos, amadurece mais cedo. Isto pode dever-se ao facto de a planta com maior número de caules necessitar de mais água e nutrientes do que as que produzem poucos caules e crescem mais tarde.

O número de tubérculos por planta teve correlações negativas e significativas com o diâmetro do tubérculo (r = -0,416**) e com a gravidade específica do tubérculo (r = -0,306*). Isto significa que, à medida que o número de tubérculos por planta aumenta, os tubérculos produzidos serão de tamanho mais pequeno e de menor gravidade específica. No entanto, teve uma correlação positiva e significativa com o peso do tubérculo por planta (r = 0,801[**]) e com a produção total de tubérculos (r = 0,855[**]). Isto indica que, à medida que o número de tubérculos produzidos por uma única planta aumenta, o peso total dos tubérculos por planta e a produção total de tubérculos podem aumentar. Isto está de acordo com as conclusões de Van der Zaag (1992), que afirmou que o tamanho do tubérculo do produto colhido depende do rendimento total de tubérculos e do número de tubérculos por m^2 . O rendimento total depende da duração do período de crescimento dos tubérculos e do crescimento médio dos tubérculos por dia, ou seja, da taxa de volume, e é também o resultado do número de tubérculos e do peso médio de cada tubérculo.

4.5 Análise da margem bruta (USD)

Os custos dos factores de produção, como os fertilizantes e o transporte, foram calculados para todos os tratamentos, a fim de determinar o custo variável total. Os custos fixos são constantes, uma vez que não variam em todos os tratamentos. Por esta razão, apenas a receita bruta foi calculada para determinar a margem bruta mais elevada (rendimento acima do custo variável). O resultado revelou que a margem bruta obtida com as variedades de batata aumentou por cada custo variável adicional. Verificou-se que a margem bruta aumentou em resultado da aplicação de K. A margem bruta máxima (13.665,816 USD/ha) foi obtida da *Ajiba* tratada com 300 kg K2O/ha. O aumento da margem bruta das culturas para cada adição de níveis de potássio pode dever-se às respostas positivas de rendimento das variedades utilizadas, em resultado da baixa fertilidade do solo do campo experimental (quadros 1 e 2).

Quadro 16 Simples - Coeficientes de correlação do crescimento, rendimento e qualidade dos tubérculos de batata afectados pelos níveis de potássio e variedades

	K2O (kg)	SN/P	PH	LN/P	DM	TN/P	TD	TW/P	TY	TSS	SG	TDMC	TMC
K2O (kg)	1	.030	-.077	.126	.178	.231	.462**	.486**	.483**	-.325*	.362*	-.182	.182
SN/P		1	.803**	.958**	-.527**	.817**	-.441**	.620**	.626**	.153	-.108	.210	-.210
PH			1	.783**	-.526**	.654**	-.342*	.497**	.471**	.322*	-.038*	.328	-.328*
LN/P				1	-.590**	.887**	-.425**	.697**	.725**	.122	-.143	.200	-.200
DM					1	-.740**	.531**	-.621**	-.678**	-.355*	.640**	.036	-.036

TN/P					1	-.416**	.801**	.855**	.090	-.306	.088	-.088
TD						1	-.159	-.197	-.334*	.390**	-.056	.056
TW/P							1	.952**	.041	-.164	-.170	.170
TY								1	.038	-.273	-.133	.133
TSS									1	-.223	.124	-.124
SG										1	.127	-.127
TDMC											1	-1.000
TMC												1

**. A correlação é significativa ao nível de 0,01 (bicaudal). *. A correlação é significativa ao nível de 0,05 (bicaudal). SN/P = número de caules por planta, PH = altura da planta, LN/P = número de folhas por planta, DM = dias até à maturação, TN/P = número de tubérculos por planta, TD = diâmetro do tubérculo, TW/P = peso do tubérculo por planta, TY = rendimento total, TSS = sólidos solúveis totais, SG = gravidade específica, TDMC = teor de matéria seca do tubérculo e TMC = teor de humidade do tubérculo.

CAPÍTULO 5

CONCLUSÃO E RECOMENDAÇÃO

5.1 Conclusão

O potássio teve um efeito significativo em todos os parâmetros de crescimento, rendimento e qualidade das variedades de batata estudadas. A aplicação de potássio teve um efeito consistente e positivo no rendimento dos tubérculos de batata. O rendimento máximo de tubérculos (40,25 t/ha) foi registado com a aplicação de 300 kg K_2O/ha. Os resultados da análise do solo indicam que o solo da área de estudo é pobre em teor de potássio e, como resultado, a aplicação de potássio em áreas com tais condições de solo seria economicamente rentável para a produção de batata.

As variedades de batata apresentaram diferenças significativas no seu desempenho, todos os parâmetros estudados foram afectados de forma significativa e verificou-se que a variedade *Ajiba* era superior e de elevado rendimento na área de estudo. O resultado desta experiência provou que as variedades de batata variavam na sua resposta às doses de potássio.

As variedades de batata avaliadas mostraram uma resposta diferencial significativa à aplicação de potássio. O maior rendimento (49,38 t/ha) foi obtido da variedade *Ajiba* em resposta a 300 kg K_2O/ha.

5.2 Recomendação

Apesar de o potássio ser um dos macro nutrientes mais vitais das culturas, nunca foi introduzido e utilizado pelos produtores de batata da Eritreia. Recomenda-se, por conseguinte, a realização de experiências alargadas de rastreio da necessidade e dosagem de potássio nas principais zonas de cultivo de batata do país. Recomenda-se também que os fertilizantes K sejam introduzidos em Hamelmalo e noutras zonas semelhantes do país e que sejam aplicados fertilizantes NPK equilibrados para melhorar o rendimento e a qualidade da produção de batata.

REFERÊNCIAS

Abay, A. e Sheleme, B. 2011. A Influência do Fertilizante Potássico na Produção de Batata (*Solanum tuberosum* L.) em Kembata no Sul da Etiópia. *Jornal de Biologia, Agricultura e Cuidados de Saúde*, 1, 1-12.

Abd El-Latif, K.M., Osman, E.A.M., Abdullah, R. e Abdel Kader, N. 2011. Resposta das plantas de batata às taxas de fertilizante de potássio e ao défice de humidade do solo. *Avanços na Investigação em Ciências Aplicadas*, 2, 388-397.

Abong, G.O., Okoth, M.W., Imungi, J.K. e Kabira, J.N. 2010. Avaliação de cultivares de batata quenianos seleccionados para transformação em batatas fritas de pacote. *Agriculture and Biology Journal of North America*, 1, 886-893. http://dx.doi.Org/10.5251/abjna.2010.1.5.886.893

Abubaker, S., AbuRayyan, A., Amre, A., Alzu'bil, Y. e Hadidi, N. 2011. Impacto da Cultivar e da Época de Cultivo na Batata sob Sistema de Irrigação por Pivô Central. *Revista Mundial de Ciências Agrícolas*, 7, 718-721.

Acquaah, G. 2005. Horticulture: principles and practices, 3rd edn. Pearson Education, Inc, NJ, EUA.

Adams, C.R. e Early, M.P. 2004. Principles of Horticulture, 4th edn. Elsevier, Ltd.

Adhikary, B.H. e Karki, K.B. 2006. Effect of Potassium on Potato Tuber Production in Acid Soils of Malepatan, Pokhara (Efeito do potássio na produção de tubérculos de batata em solos ácidos de Malepatan, Pokhara). *Nepal Agriculture Research Journal*, 7, 42-48.

Ali, M.R., Costa, D.J., Abedin, M.J., Sayed, M.A. e Basak, N.C. 2009. Effect of Fertilizer and Variety on the Yield of Sweet Potato (Efeito do fertilizante e da variedade no rendimento da batata-doce). *Bangladesh Journal of Agricultural Research*, 34, 473-480. http://dx.doi.org/10.3329/bjar.v34i3.3974

Al-Moshileh, A.M. e Errebi, M.A. 2004. Efeito de várias taxas de sulfato de potássio no crescimento, rendimento e qualidade da batata cultivada em solo arenoso e condições áridas. *Workshop Regional do IPI sobre Desenvolvimento de Potássio e Fertirrigação na Ásia Ocidental e Norte de África*, Rabat, 24-28 de novembro de 2004.

Asgedom, S., Struik P.C., Heuvelink Ep. e Araia, W. 2011. Oportunidades e constrangimentos da produção de tomate na Eritreia. *Jornal Africano de Investigação Agrícola*, 6(4): 956-967.

Asmaa, R.M. e Magda, M.H. 2010. Aumento da produtividade de plantas de batata usando fertilizante de potássio e aplicação de ácido húmico. *Revista Internacional de Investigação Académica*, 2, 83-88.

Balibrea, M.E., Martinez-Andujar, C., Cuartero, J., Bolarin, M.C. e Pérez-Alfocea, F. 2006. O elevado teor de açúcar solúvel nos frutos de espécies selvagens de Lycopersicon e seus híbridos com cultivares depende da importação de sacarose durante o amadurecimento e não do metabolismo da sacarose. *Functional Plant Biology*, 33(3): 279-288. https://doi.org/10.1071/FPO5134

Baloch, M.N., 2010. Culturas hortícolas. Em Malik, M. N. Horticulture. BiotecBooK. Nova Deli, Índia, pp 490-491.

Bansal, S.K. e Trehan, S.P. 2011. Efeito do potássio no rendimento e nos atributos de qualidade de processamento da batata. *Karnataka Journal of Agricultural Sciences*, 24, 48-54.

Bein, E., Habte, B., Jaber, A., Ann Birnie e Bo Tengnas. 1996. Árvores e arbustos úteis na Eritreia: Identification, propagation and management for agricultural and pastoral communities. Reginal Soil Consrvation Unit, Nirobi, Quénia.

Bereketsehay, T. 2000. Produção de batata na Eritreia; perspetiva de desenvolvimento futuro. Actas da Conferência da Associação Africana da Batata. Vol. 5.

Berger, K.C., Potterton, P.E. e Hobson, E.I. 1961. Yield quality and phosphorus uptake of potatoes as influenced by placement and composition of potassium fertilizers. *Am. Potato J.* 38: 272-285.

Bergmann, W. 1992. Distúrbios nutricionais do desenvolvimento das plantas, diagnóstico visual e analítico. Gustav Fischer, Jena.

Biniam, M.G., Githiri, S.M., Tadesse, M. e Remmy, W.K. 2014a. Levantamento de diagnóstico sobre as práticas de produção de batata na Eritreia. *ARPN Journal of Agricultural and Biological Science*, 9, 444-453

Biniam, M.G., Githiri, S.M., Tadesse, M. e Remmy, W.K. 2014b. Fornecimento de sementes de batata, comercialização e restrições de produção na Eritreia. *American Journal of Plant Sciences*, **5**, 3684-3693. http://dx.doi.org/10.4236/ajps.2014.524384

Dampney, P., Wale, S. e Sinclair, A. 2011. Revisão das necessidades de potássio da batata. Relatório do Conselho de Desenvolvimento da Agricultura e Horticultura 2011.

Enujeke, E.C. 2013. Efeitos da variedade e do espaçamento nos caracteres de crescimento do milho híbrido. *Jornal Asiático de Agricultura e Desenvolvimento Rural* 3 (5): 296-310.

FAO. 2008. Production year book. Organização das Nações Unidas para a Alimentação e a Agricultura, Roma, Itália.

FAO. 2009. A batata e a inflação dos preços dos alimentos. Ano Internacional da Batata 2008.

FAO. 2013. Base de dados estatísticos. http// :www.fao.org/statistics.

Gildemacher, P.R., Kaguongo, W., Ortiz, O., Tesfaye, A., Woldegiorgis, G., Wagoire, W.W., Kakuhenzire, R., Kinyae, P.M., Nyongesa, M. e Struik, P.C. 2009. Melhoria da produção de batata no Quénia, Uganda e Etiópia: *A System Diagnosis. Potato Research*, 52, 173-205.

Governo do Estado da Eritreia. 2004. Estratégia de segurança alimentar. Asmara, Eritreia.

Grewal, J.S., Trehan, S.P. e Sharma, R.C. 1991. Nutrição de fósforo e potássio da batata. Boletim Técnico No. 31. Instituto Central de Pesquisa da Batata, Shimla, Índia.

Gunasena, H.P.M. e Harris, P.M. 1971. The Effect of CCC, Nitrogen and Potassium on Growth and Yield on Two Varieties of Potato. *The Journal of Agricultural Science*, 76, 33-52. http://dx.doi.org/10.1017/S0021859600015604

Hammes, P.S., 1985. O efeito da população de caules na produção de tubérculos num ensaio com pedaços de sementes de caule único. *Potato Research Journal*, 28:119-121.

Havlin, J.L., Beaton, J.D., Tisdale, S.L. e Nelson, W.L. 2005. Soil Fertility and Fertilizers: An Introduction to Nutrient Management. 7ª Edição, Pearson Educational, Inc., Upper Saddle River, New Jersey.

Hochmuth. G. J. e Hanlon, E.A. 2000. Recomendações padronizadas de fertilização da IFAS para culturas hortícolas. Circular 1152. Universidade da Flórida, Instituto de Alimentos e Ciências Agrícolas, Gainesville, FL.

Horneck, D. e Rosen, C.2008. Medição das taxas de acumulação de nutrientes na batata: Ferramentas para uma melhor gestão. *Better Crops international*, 92 (1): 4-6.

Centro Internacional da Batata (CIP). 2006. Procedimentos para ensaios de avaliação padrão de clones avançados de batata. Um Guia Internacional para Cooperadores.

Iritani, W.M., Weller, L.D. e Knowles, N.R. 1983. Relationship between Stem Numbers, Tuber Set and Yields of Russet Burbank Potatoes. *American Potato Journal*, **60**, 423-431. http://dx.doi.org/10.1007/BF02877248.

Kabir, J.N. e Lemaga, B. 2003. Potato processing; Quality evaluation procedures for research and food industry applications in East and Central Africa (Transformação da batata; Procedimentos de avaliação da qualidade para aplicações na investigação e na indústria alimentar na África Oriental e Central). Instituto de Investigação Agrícola do Quénia, Nirobi, Quénia.

Karam, F, Rouphael, Y, Lahoud, R, Breidi, J, Colla, G. 2009. Influência dos genótipos e das taxas de aplicação de potássio no rendimento e na eficiência da utilização de potássio na batata. *Journal of Agronomy*. 8(1):27-32.

Kay, R.D., Edwards, W.M. e Duffy, P.A. 2012. Farm Management. 7ª edição, McGraw-Hill

Companies, Inc., Nova Iorque.

Macrae, R. e Robinson. R.K. 1993. Batatas e culturas afins. In: Encyclopaedia of Food Science, Food Technology and Nutrition. eds R. Macrae, R. K. Robinson & M. J. Sadler, pp. 3672-86. Academic Press Inc: San Diego, CA.

Marschner, H. 1995. Mineral nutrition of higher plants, 2nd edn. Academic press limited, San Diego, EUA.

McNabnay, M., Dean, B.B., Bajema, R.W. e Hyde, G.M. 1999. The effect of potassium deficiency on chemical, biochemical and physical factors commonly associated with black spot development in potato tubers. *American Journal of Potato Research* 75: 53-60.

Mengel, K. 1983. Respostas de várias espécies e cultivares de culturas à aplicação de fertilizantes. Em Wassie Haile. 2009. Verificação na exploração do efeito do fertilizante de potássio no rendimento da batata irlandesa cultivada em solos ácidos de Hagereselam, no sul da Etiópia. *Ethiopian Journal of Natural Resources,* 11 (2): 207-22.

Messiaen, C-M. 1992. The Tropical Vegetable Garden: principles for improvement and increased production with application to the main vegetable types, 2nd edn. Macmillian press Ltd, Londres, Reino Unido.

Milhão, W.T. 2014. Estado e distribuição de macro nutrientes (NPK) no solo da área de Hamelmalo. Dissertação de mestrado. Tese apresentada à Faculdade de Agricultura de Hamelmalo, Keren, Eritreia.

Ministério da Agricultura. 2009. Programa de investigação de culturas hortícolas. *Relatório anual do Instituto Nacional de Investigação Agrícola*. Halhale, Eritreia.

Ministério da Agricultura. 2010. Programa de investigação de culturas hortícolas. *Relatório anual do Instituto Nacional de Investigação Agrícola*. Halhale, Eritreia.

Muriithi, M.M. e Irungu, J.W. 2004. Effect of Integrated Use of Inorganic Fertilizer and Organic Manures on Bacterial Wilt Incidence (BWI) and Tuber Yield in Potato Production Systems on Hill Slopes of Central Kenya. *Journal of Mountain Science,* 1, 81-88. http://dx.doi.org/10.1007/BF02919363

Murphy, H.F. 1968. A Report on the Fertility Status and Other Data on Some Soils of Ethiopia (Relatório sobre o estado de fertilidade e outros dados sobre alguns solos da Etiópia). Boletim, Faculdade de Agricultura, Universidade Haile Sellasie I, Estação Experimental, Dire Dawa, Etiópia, nº 44.

Naz, F., Ali, A., Iqbal, Z., Akhtar, N., Asghar, S. e Ahmad, B. 2011. Efeito de diferentes níveis de fertilizantes NPK na composição proximal da cultura da batata em Abbottabad. *Sarhad J. Agric.,* 27 (3)

NIVAP. 2011. Catálogo neerlandês de variedades de batata. AC Den Haag, Países Baixos. www.nivap.nl.

Noor, M.A. 2010. Determinação fisiomorfológica da cultura da batata regulada pela gestão do potássio. Tese de doutoramento. Tese apresentada ao Instituto de Ciências Hortícolas da Universidade de Agricultura, Faislabad, Paquistão.

Panique, E., Kelling, K.A., Schulte, E.E., Hero, D.E., Stevenson, W.R. e James, R.V. 1997. Efeitos da taxa e da fonte de potássio na produção de batata, qualidade e interação com doenças. *American Potato Journal,* 74: 379-398.

Patil, R.B. 2011. Papel do humato de potássio no crescimento e rendimento da soja e da grama preta. *International Journal of Pharma and Bio sciences,* 2(1): 242-246.

Patricia, I. e. Bansal, S. K 1999. Potássio e Gestão Integrada de Nutrientes na Batata. Apresentado na Conferência Global sobre a Batata.6-11 de dezembro de 1999, Nova Deli, Índia.

Peirce, L.C. 1987. Hortaliças: Characteristics, Production and Marketing. John Wiley and Sons, Inc.

Perrenoud, S. 1993. Fertilizar para aumentar o rendimento da batata, IPI Bull. 8, 2nd edn. Instituto Internacional da Potassa. Berna, Suíça.

Pervez, M.A., Ayyub, C.M., Shabeen, M.R. e Noor, M.A. 2013. Determinação das características fisiomorfológicas da cultura da batata regulada pela gestão do potássio. *Jornal paquistanês de ciências agrícolas,* **50**, 611-615.

Ramyabharathi, S.A., Shanthiyaa, V., SankariMeena, K. e Raguchander, T. 2014. Gestão da deficiência de nutrientes para tomate e batata. Smashwords, Inc. EUA.

Rana, M.K. 2008. Olericulture in india. Kalyani Publishers, Ludiana; Índia.

Recke, H., Schnier, H.F., Nabwile, S. e Qureshi, J.N. 1997. Respostas da batata irlandesa (*Solanum tuberosum* L.) ao fertilizante mineral e orgânico em vários ambientes agro-ecológicos no Quénia. *Exp. Agric.,* 33: 91-102.

Sajjan, A.S., Shekhargounda, M. e Badanur 2002. Influência dos dados de sementeira, espaçamento e níveis de azoto nos atributos de rendimento e na produção de sementes de quiabo. Ikamataka. *Journal of Agricultural Science,* 15, 267-274.

Saleh, B.K., Nyende, A.B., Kasili, R., Mamati, E. e Araia, W. 2013. Situação atual e oportunidades futuras da produção de pimenta na Eritreia. *ARPN Journal of Agricultural and Biological Science,*

8 (9): 655-672.

Stark, J.C. e Love, S.L. 2003. Qualidade dos tubérculos. Em Stark, J. C. e S. L. Love (edns) Potato Production Systems. Extensão da Universidade de Idaho, Moscovo, Idaho, EUA. Pp 329-343.

Tadesse, M. 2000. Manipulação da qualidade fisiológica de plântulas e transplantes de batata *in vitro*. Tese de doutoramento. Tese apresentada à Universidade de Wageningen, Países Baixos.

Tindall, T. e Westermann, D.T. 1994. Potassium Fertility Management of Potatoes. Escola de Batata da Universidade de Idaho (Mimeo). Universidade Estadual de Idaho, Pocatello.

Trehan, S.P. e Grewal, J.S. 1990. Efeito do tempo e do nível de aplicação de potássio na produção de tubérculos e na composição de potássio do tecido vegetal e dos tubérculos de duas cultivares. In: *Potato Production, Marketing, Storage and Processing*. Indian Agri. Res. Inst., Nova Deli.

Trehan, S.P., Roy, S.K. e Sharma, R.C. 2001. Diferença entre variedades de batata nos sintomas de deficiência de nutrientes e resposta ao NPK. ***Better crop international*** 15 (1): 18-21.

Umadevi, M., Sampath, P.K., Debjit, K.B. e Duraivel, S. 2013. Benefícios para a saúde e consumo de *Solanum tuberosum*. ***Jornal de Estudos de Plantas Medicinais*** 1 (1): 16-25.

Vaezzadeh, M. e Naderidarbaghshahi, M. 2012. O efeito de várias quantidades de fertilizantes nitrogenados na produção e acumulação de nitrato em tubérculos de duas cultivares de batata em regiões frias de Isfahan (Irão). ***International Journal of Agriculture and Crop Sciences***, 4 (22): 16881691.

Van der Zaag, P. 1981. Requisitos de fertilidade do solo para a produção de batata. Boletim de informação técnica, dezembro de 1981, 14, CIP, Lima, Peru.

Van der Zaag, W.D.E. 1992. Potatoes and their production in the Netherlands, 3rd edn. Netherlands Potato Consultative Institute, CH the Hague, Países Baixos. www.potato.nl.

Weaver, C. e Marr, ET. 2013. Vegetais brancos: uma fonte esquecida de nutrientes: Resumo executivo da mesa redonda de Purdue. Adv Nutr. 4(3):318S-326S.

Wassie, H. 2009. Verificação na exploração do efeito do fertilizante potássico no rendimento da batata irlandesa cultivada em solos ácidos de HagereSelam, no sul da Etiópia. ***Ethiopian Journal of Natural Resources***. 11 (2): 207-22.

Wibowo, C., Wijaya, K., Sumartono, G.H. e Pawelzik, E. 2014. Efeito do nível de potássio nos traços de qualidade dos tubérculos de batata da Indonésia. ***Jornal Ásia-Pacífico de Agricultura Sustentável***, ***Alimentos e Energia***, 2, 11-16.

Wurr, D.C., Fellows, J.R., Akehurst, J.M., Hambidge, A.J. e Lynn, J.R. 2001. The effect of cultural and environmental factors on potato seed tuber morphology and subsequent sprout and stem development. *J. Agric. Sci.,* 136: 55-63.

Wuzhong, N. 2002. Rendimento e qualidade dos frutos de culturas solanáceas afectados pela fertilização com potássio. *Better Crops International*, 16(1): 6-8.

APÊNDICES

Apêndice 1 Quadro de análise de variância para caules aéreos por planta

Fonte de variação	d.f.	s.s.	s.m.	v.r.	F pr.
Estrato de representação	2	0.0563	0.0282	0.17	
Rep. *Unidades* estrato					
K2O_kg	4	5.8121	1.453	8.68	<.001
Variedades	2	145.611	72.806	434.82	<.001
$K_2O\_kg.Variety$	8	7.0044	0.8755	5.23	<.001
Residual	28	4.6883	0.1674		
Total	44	163.172			

Apêndice 2 Quadro de análise de variância para a altura das plantas (cm)

Fonte de variação	d.f.	s.s.	s.m.	v.r.	F pr.
Estrato de representação	2	40.3	20.15	3.19	
Rep. *Unidades* estrato					
K2Okg	4	214.703	53.676	8.5	<.001
Variedades	2	720.433	360.217	57.01	<.001
$K_2O\_kg.Variety$	8	135.706	16.963	2.68	0.025
Residual	28	176.908	6.318		
Total	44	1288.05			

Apêndice 3 Quadro de análise de variância para o número de folhas por planta

Fonte de variação	d.f.	s.s.	s.m.	v.r.	F pr.
Estrato de representação	2	23.908	11.954	1.71	
Rep. *Unidades* estrato					
K2O_kg	4	997.814	249.453	35.61	<.001
Variedades	2	14278.7	7139.34	1019.2	<.001
$K_2O\_kg.Variety$	8	360.894	45.112	6.44	<.001
Residual	28	196.133	7.005		
Total	44	15857.4			

Apêndice 4 Quadro de análise de variância para os dias até à maturidade (dias)

Fonte de variação	d.f.	s.s.	s.m.	v.r.	F pr.
Estrato de representação	2	23.511	11.756	3.64	
Rep. *Unidades* estrato					

K$_2$ Okg	4	234.533	58.633	18.14	<.001
Variedades	2	5628.311	2814.156	870.78	<.001
K$_2$ O_kg.Variety	8	59.467	7.433	2.3	0.049
Residual	28	90.489	3.232		
Total	44	6036.311			

Apêndice 5 Quadro de análise de variância para o número de tubérculos por planta

Fonte de variação	d.f.	s.s.	s.m.	v.r.	F pr.
Estrato de representação	2	1.2796	0.6398	0.78	
Rep. *Unidades* estrato					
IK$_2$ Okg	4	22.4428	5.6107	6.83	<.001
Variedades	2	305.927	152.963	186.07	<.001
IK2Okg.Vi·triety	8	15.2898	1.9112	2.32	0.047
Residual	28	23.018	0.8221		
Total	44	367.957			

Apêndice 6 Quadro de análise de variância para o diâmetro dos tubérculos (cm)

Fonte de variação	d.f.	s.s.	s.m.	v.r.	F pr.
Estrato de representação	2	0.13206	0.06603	1.34	
Rep. *Unidades* estrato					
IK$_2$ Okg	4	1.62585	0.40646	8.26	<.001
Variedades	2	1.62816	0.81408	16.55	<.001
K$_2$ OkgAkiriety	8	0.73728	0.09216	1.87	0.105
Residual	28	1.37754	0.0492		
Total	44	5.5009			

Apêndice 7 Quadro de análise de variância para o peso dos tubérculos (kg/planta)

Fonte de variação	d.f.	s.s.	s.m.	v.r.	F pr.
Estrato de representação	2	0.01516	0.00758	0.44	
Rep. *Unidades* estrato					
K2O_kg	4	0.75645	0.18911	10.93	<.001
Variedades	2	1.82836	0.91418	52.83	<.001
K$_2$ O_kg.Variety	8	0.06884	0.0086	0.5	0.848
Residual	28	0.48451	0.0173		
Total	44	3.15332			

Apêndice 8 Quadro de análise de variância para o rendimento total (t/ha)

Fonte de variação	d.f.	s.s.	s.m.	v.r.	F pr.
Estrato de representação	2	11.88	5.94	0.46	
Rep. *Unidades* estrato					
K2O_kg	4	1310.86	327.72	25.48	<.001
Variedades	2	3698.7	1849.35	143.76	<.001
$K2O\_kg$.Variedade	8	74.06	9.26	0.72	0.673
Residual	28	360.2	12.86		
Total	44	5455.71			

Apêndice 9 Quadro de análise de variância para SST (° Brix)

Fonte de variação	d.f.	s.s.	s.m.	v.r.	F pr.
Estrato de representação	2	0.172	0.086	2.4	
Rep. *Unidades* estrato					
K2Okg	4	2.11244	0.52811	14.77	<.001
Variedades	2	0.84933	0.42467	11.87	<.001
$K_2 O\_kg$.Variety	8	6.17289	0.77161	21.58	<.001
Residual	28	1.00133	0.03576		
Total	44	10.308			

Apêndice 10 Quadro de análise de variância para a gravidade específica

Fonte de variação	d.f.	s.s.	s.m.	v.r.	F pr.
Estrato de representação	2	0.00364	0.00182	2.33	
Rep. *Unidades* estrato					
$K_2 Okg$	4	0.02279	0.0057	7.31	<.001
Variedades	2	0.03425	0.01713	21.97	<.001
$K_2 O\_kg$.Variety	8	0.00237	0.0003	0.38	0.922
Residual	28	0.02183	0.00078		
Total	44	0.08488			

Apêndice 11 Quadro de análise de variância para o teor de matéria seca dos tubérculos (%)

Fonte de variação	d.f.	s.s.	s.m.	v.r.	F pr.
Estrato de representação	2	2.058	1.029	1.28	
Rep. *Unidades* estrato					
$IK_2 Okg$	4	16.8523	4.2131	5.24	0.003
Variedades	2	6.4824	3.2412	4.03	0.029
$IK2Okg$.Vi·riety	8	21.9321	2.7415	3.41	0.007

| Residual | 28 | 22.516 | 0.8041 | | |
| Total | 44 | 69.8408 | | | |

Apêndice 12 Quadro de análise de variância para o teor de humidade dos tubérculos (%)

Fonte de variação	d.f.	s.s.	s.m.	v.r.	F pr.
Estrato de representação	2	2.058	1.029	1.28	
Rep. *Unidades* estrato					
IK$_2$ Okg	4	16.8523	4.2131	5.24	0.003
Variedades	2	6.4824	3.2412	4.03	0.029
K$_2$ OkgAkiriety	8	21.9321	2.7415	3.41	0.007
Residual	28	22.516	0.8041		
Total	44	69.8408			

d.f. = grau de liberdade, s.s. = soma dos quadrados, m.s. soma média dos quadrados, v.r. = razão de variância e F pr. = valor provável de F.

I want morebooks!

Buy your books fast and straightforward online - at one of world's fastest growing online book stores! Environmentally sound due to Print-on-Demand technologies.

Buy your books online at
www.morebooks.shop

Compre os seus livros mais rápido e diretamente na internet, em uma das livrarias on-line com o maior crescimento no mundo! Produção que protege o meio ambiente através das tecnologias de impressão sob demanda.

Compre os seus livros on-line em
www.morebooks.shop

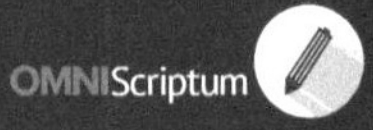